蒙特梭利教養進行式

翩翩園長的45個正向教養解方

何翩翩 著

目錄

Stage 1 孩子的第一個學校是家庭

Stage 2

孩子入園前，家長應該知道的事

Stage 3 入園後遇到的疑難雜症怎解

推薦序

不會有任何人寫這本書，比翩翩園長寫得更好

蒙特梭利親職教育專家 羅寶鴻

第一次與翩翩園長認識，是在台北一所蒙特梭利小學的新生說明會上。講座結束後，我與好友大樹老師（親職教育專家，《育兒顧問到你家》作者）至捷運站時，突然有一位年輕貌美、長髮飄逸、優雅且溫和的女老師趨前與大樹老師打招呼，笑容十分真摯、親切。

經大樹老師介紹後，才知道原來她不是老師，而是園長；而且她跟我們一樣，是學習蒙特梭利的，她就是美貌與智慧兼備的何～翩～翩～。

何翩翩？這個名字其實我有印象。那陣子大家很流行看一位親職教育專家的直播，我也看過好幾次，有一集在節目開始時我曾聽過那位專家對著鏡頭喊：「嗨～何

翩翩園長，我看到你了！」由於這名字很特別，所以一歷耳根即不忘記。

後來在臉書上又看到友人分享一些教養好文，發文者也是「何翩翩」此人。我發現她的文筆自然平實且不造作，但卻有著觀察孩子外在靈敏的眼光，以及對孩子內在精準的解讀。當時我猜想何翩翩應該是一位帶點年齡、身材圓潤、和藹可親、理論與實務兼備的園長。

但經大樹老師介紹後我才發現，原來我只猜對後面兩項。

當天與翩翩園長聊了一會兒，我發現她是一位專業、用心的教育者，誠懇不造作的個性，更留給了我很好的印象。

一年多之後，我的第一本書《蒙特梭利專家親授！教孩子學規矩一點也不難》出版了，很榮幸受到翩翩園長邀請，到她當時的幼兒園分享新書內容。

兩小時的分享很快就結束了，但難得的是翩翩園長卻是坐滿兩小時，從開始到結束一直投入地參與著。這份對講者的尊重，對工作的熱忱，對夥伴們的身教與示範，讓我心裡對這位年輕園長更加尊敬。

講座結束後已然晚上九點，我快步離開，想趕最晚一班火車回新竹。沒想到翩翩園長仍願意送我一程，陪我走到捷運站。所以我亦刻意放慢腳步，與園長聊聊，趁機多認識翩翩一些。

在步行往捷運站時，她跟我說原來在明天一大早，她將要進行「親子天下」線上課程的正式錄影。影片的內容主要講述蒙特梭利，而今天晚上，她又剛好邀請我講蒙特梭利。在聽完我講演後，她覺得我演繹得非常好，但也無形中給了她很大的壓力。

我問她壓力是來自哪裡？

她停頓了一會兒，帶著些許自我懷疑的語氣說：「其實，我覺得有太多蒙特梭利界的前輩比我更資深、更優秀、講得比我好了。自問我有什麼能耐可以拍有關蒙特梭利的線上課程呢？我覺得我好像在前輩面前班門弄斧，我對自己很沒信心。」

當下翩翩坦誠與真摯的表達，和願意面對內心恐懼的勇敢，卻令我非常感動。

我亦心想：難道翩翩不知道，她自己其實有多發光、多發亮嗎？

心裡感到些許不捨，我和翩翩說：「是的翩翩；學界裡確實有很多前輩，他們講蒙特梭利也講得非常好。但這次錄影的主要內容，是由何翩翩講述她所認為的蒙特梭利，是嗎？」

翩翩說：「是的。」

我說：「那我想告訴你：沒有人能演繹何翩翩所認為的蒙特梭利，比何翩翩本人更好。」

她頓了一下。

我再說一次：「沒有人能演繹何翩翩所認為的蒙特梭利，比何翩翩本人更好。」

她停頓著。

我看著她說：「所以，你只需要做好你自己，呈現最真實的何翩翩，就夠了。」

翩翩頭轉過來看著我，露出燦爛的笑容了。

「謝謝羅老師！謝謝你在我最需要支持鼓勵的時候，跟我說這番話。我了解了！我只需要當我自己就好了，不需要跟任何人比較！」

果然，她的線上課程如我所料，製作得非常專業，內容非常豐富，當然也非常的何翩翩。

三年後，翩翩第一本有關孩子的教養書要出版了。當她邀請我寫推薦文時，我一口答應，希望先睹為快。聽出版社說她邀請的人都是馬上答應的，足見翩翩園長在學界裡人緣非常好。

細讀此書初稿發現書如其人，在誠懇親切的文字裡，卻帶著恍如身經百戰、千錘百鍊教育者的經驗，以園所最高管理人的高度觀察孩子、家長與老師，道出字字句句警世肺腑之言，發人深省的教養精句，讓我驚艷且歡喜。

其中我喜歡的有：

• 當父母降格為朋友時，會帶給孩子多大的困惑，而這些放任的自由，更會帶給他人多麼大的干擾！

• 你是在滿足自己的「信念」、「價值觀」、「需要」，還是你有把孩子真正的「需要」（請注意不是「想要」！）放在自己的「需要」之前？

• 讓孩子能清楚的分辨「可以與不可以」，過度的呵護只會養壞孩子的胃口，侵蝕他的意志，讓他成為家庭與社會的寄生蟲，而這一切習慣的養成都來自於父母，當他可以自己完成，而成人卻出於寵愛或缺乏耐心，一再出手剝奪他練習的機會。

看完出版社寄來的初稿，我把它合上，品嚐著自己沖泡的咖啡，沉澱書裡面的內容。腦海裡雖然不太記得每一句文字，卻仍深深感受到翩翩園長對孩子的真摯，對家長的坦誠，對自身的嚴謹，以及對教育的熱忱。

這是一本充滿專業、誠意、理論與實務兼備的優質教養書。不但難得一見，也不會有任何人寫這本書，比翩翩園長寫得更好。

真心誠意地推薦給大家。

推薦序

放手和信任，孩子才能學會照顧自己

資深國小教師　沈雅琪（神老師）

記得我家妹妹兩歲時，領有中度聽語障礙的手冊，第一次評估時，治療師告訴我必須送她去幼兒園。我實在很不解且非常擔憂，有哪個幼兒園想收一個完全沒有自理能力的孩子？全面性遲緩的她只能走兩步，不會自己吃飯、沒辦法表達，所有的能力都很弱，沒有我在旁邊翻譯，根本沒有人知道她在說什麼。

但是治療師說：「就因為我們都覺得她很差很弱，所以會怎樣對待她、照顧她呢？」有如當頭棒喝，不管是我還是保母對她都是無微不至，因為太弱，我們替她做好所有的準備，因為沒辦法表達，我們揣摩她的需要，當一個孩子不需要求生時，她怎麼會有學習的動力？

正如翩翩園長書中所說：別讓「滿足」變成「剝奪」。因為過度的照顧，而讓孩子失去了照顧自己的能力。放手和信任，孩子才能學會照顧自己。

我一輩子都記得找幼兒園的過程，遇到一位園長告訴我：「必須要把孩子所有的自理能力都訓練好才能送去！」另一個園長說：「有中度手冊應該要送特教機構。」每一次希望的落空都讓疲於奔命的媽媽傷心落淚，還好在最後找到了當時在基隆西定托兒所擔任園長的阿順老爸。我把妹妹的狀況告訴阿順老爸，老爸只安慰泣不成聲的我：「媽媽，你不要擔心，孩子可以放心交給我們，來了就會了。」果然，入學才三個月，很多我覺得她可能一輩子都學不會的自理能力都開始發展了。

放手，真是為人父母每個階段都需要學習的課題。

愛一個孩子，不是只有尊重他而已，更應該教導他，讓他明白做人做事的道理，讓他知道世界並不是繞著他在運轉的。

遇過一個孩子寒假交來的圖畫美得跟書上一樣，跟在教室裡畫的圖畫差距甚大，我要孩子在教室重新畫一張，回家後孩子哭訴，媽媽打電話來抗議。

問我為什麼不收孩子的圖畫？阿公只是幫他修飾，他這樣的作品應該可以得獎。我問媽媽：「是阿公得獎？還是孩子得獎？如果他的每一項作業都要家人修飾後才能交，他會怎樣看自己的作品？他會不會為自己的作品努力？」不管孩子做出來是什麼樣子，都是他自己的作品、他自己的分數，我們能做的是鼓勵他，讓他學習，而不是替他修飾一切。

當我們擔心他的成績不好表現不好，而動手代勞時，就是對孩子能力不信任的一種表現，每一種作業都要我們過手修飾補充，孩子就能從父母的擔憂中學習到我是做不到的。

過多的擔憂，是孩子成長的殺手，讓孩子沒有自信，覺得自己沒辦法照顧自己和別人；過多的干涉，讓孩子遇到事情時無法判斷，沒辦法自己做選擇；過多的協助、替孩子完成他自己該做的事情，讓孩子養成依賴，覺得自己做不好任何一件事。

翩翩園長說：「對待孩子，我們要懂在心裡、愛在眼裡、教在口裡。」

有分離焦慮的，不是急著想要探索世界的孩子，而是放不下的父母，最重要的是要信任孩子、陪伴他們長大。比起很多教養書，翩翩園長的這本書更貼近孩子成長的實際狀況和生活，也囊括了所有父母的擔憂及面對的方式，提到的很多議題是不管哪個階段的父母都應該要思考的。

推薦序

父母心中最迫切想知道的教養關鍵

蒙特梭利資深教育顧問 周翠華

收到翩翩的書，一開始閱讀就馬上能感受到，為什麼我所接觸過和翩翩合作過的家長們都會如此的信任她。如果在坊間要找到一本教養孩子的書，讀起來輕鬆愉快，卻又能在字句當中，真實地說到年輕父母心中最迫切想知道的教養關鍵，真的就是要大大地推薦這本好書！

我個人很喜歡翩翩清新流暢的文字，書中每次出現教學現場清楚的情境、聲音與對話時，彷彿我們都在一旁觀看這位年輕又經驗十足的園長與家長們之間的互動。翩翩總是帶著完全接納的心情，包覆著每個新爸爸和新媽媽，按部就班安穩地協助家長們慢慢梳理自己在教養上必須了解的事實。

這樣的支持最能安定每位焦慮的父母，書中種種經驗的分享，父母更是能在最快的時間了解孩子在發展上的需要。

因著我三十年來和孩子們一起工作的經驗，每讀完一篇翩翩的文字，就不得不停下來細細地咀嚼一下。回憶之前所接觸過的孩子與家長們，咀嚼著曾經與父母們因著孩子的需要而有的對話，我想我很能同理翩翩的心情與她集結這本書的目的。我們都理解為人父母太不容易了！但是同時在我們心裡的最深處，我們卻又都很迫切地希望每位家長都能成為一位得心應手的教養高手。我們總是希望能找到最有效的方法讓父母能掌握教養的界線、能找到並還原父母和孩子各自該擁有的真實空間、能簡單清楚快速地找到管教孩子的著力點。

讀完這本書後，我想翩翩做到了！很感謝她這麼多年來如此細細地深耕這麼一塊田地，能讓她最美好、最深入、淺出專業等級的「碎碎念」，除了即時幫助了許多她所服務的家長們，還能真切的服務到所有的新爸爸、新媽媽們！

祝福所有有機會讀到這本書的父母們，也祝福你們的孩子因著你們而有充實且豐富的人生！

作者序

願我的經驗化成種子，在每個人心中開出花朵

在準備作者自序的同時，這幾天我也緊鑼密鼓的準備著第一次到上海中國幼教展擔任講者的工作，回想起二十多年前一腳踏入幼教的領域，真是充滿了許多因緣巧合，第一個機緣就是小我十五歲的小妹的出生，開啟了我進入幼兒世界的大門；在紐約大學念完幼教碩士並拿到國際蒙特梭利三到六歲證照回來後，在貴人長輩的引薦下，不到三十歲就接任園長的工作，更是一路披荊斬棘的過程，當時初出茅廬的我真是有著初生之犢的勇氣，接下了一所一口氣換了四個園長的教會學校，只能說真心感謝一群始終支持我、協助我的教師夥伴們。

我從來不覺得自己是什麼專家學者，對我而言最重要的工作除了幼教工作者之

外，就是三個孩子的媽，我們家目前已經九年級的雙胞胎兄弟，成長的過程出了不少功課給我，不但讓我掉了不少眼淚、擔了不少心，更讓我常常掙扎在身為人母到底該收還是該放的矛盾中，因此回到幼教的現場，我從不覺得自己是高高在上的園長，當父母們遇到難題來找我，或是看到孩子們又卡關時，我總可以深刻的了解到為人父母是件多麼不簡單的任務，我陪著許多媽媽們掉眼淚，聽著一個又一個屬於每個家庭的故事，了解到如果可以記錄下來這些矛盾掙扎、生命歷程，或是整理出一些成功的脈絡讓家長有所依循，也許大家就會少走些冤枉路，更從容自在的面對教養的挑戰。

在今年上半年我結束了十三年園長的工作，最後一場學校的運動會，所有老師和家長們一起策畫了一場祕密歡送會，當我站在台上拿下眼罩，看到所有的家長、孩子一起為我合唱「雲上太陽」時，我了解到教育工作之所以如此吸引我，從不是因為什麼利益、名氣，而是這些讓人牽掛的情分，當老師們流著淚和我並肩站著，家長、孩子們一個個上台和我相擁而泣時，我知道園長工作的卸任，絕不會是我幼教工作的終點，而是另一個新的里程碑。

我告訴許多愛我、支持我的家長、夥伴們，這些大夥一起經歷的教育歷程、生命紀錄如果只是放在我們的園訊中，只有我們家長可以受惠，所以我希望能將這些文字結集成冊，並像蒲公英種子般的飄散，盼望能在每個讀者的心田中開出燦爛的花朵。

我期待在我的書中您能讀到的是我想為孩子發聲的初衷，想體貼父母為難的真心，還有真正實用有效的教養策略，讓每個家庭都能真正成就每一個孩子，讓每個孩子都能在屬於自己的舞台上發光，讓我這些拋磚引玉的故事能有最大的發揮，對我而言就真的是功德無量的一件事了。

最後我也要告訴所有的父母們，請一定要記得，不論如何不要因為孩子的表現而貶低自己，記得去看見自己的努力、自己的價值，欣賞自己有多少次想要放棄，卻始終站在孩子身邊的決心，即便孩子沒有如我們所望，真心的告訴孩子我們的無助，也告訴他你真的幫不了他。

我們已經盡全力去做了我們能改變的，要知道孩子沒有改變不代表我們是不盡責的父母，其他的就放下吧！因為我們都已經是夠好的父母。

感謝這二十多年來曾在我幼教工作上出現的人與故事，不論是讓我覺得挫敗、難過的經驗，或是充滿成就與驕傲的回憶，都是這本書的一部分，我都珍惜，也都心存感激。

何翩翩　寫於二〇一九年十月

Stage 1

孩子的第一個學校是家庭

現代家庭孩子生得少，家長無一不重視教育、教養，
網路爬文、參加講座、遍讀教養書者比比皆是，
然而在幼教第一線工作十多年的翩翩園長卻觀察到一些現象，
深入了解後，發現狀況的根源往往出在家庭的教養方式，
明明奉專家建議為圭臬，卻總是困在其中，家長問：
「書上說要○○、不要□□，難道錯了嗎？」
且看翩翩園長如何破解家長們的教養迷思。

01

你的孩子夠獨立嗎？

任何教育活動，若是想對幼兒有效，就必須幫助兒童在獨立的道路上前進，我們必須給予孩子的幫助，是使他們能夠自己達到目的，滿足願望。

——義大利教育家蒙特梭利博士

普立茲新聞獎得主安娜．昆德蘭在《不曾走過，怎會懂得》一書中提到：「有一種愛是為了分離，在這個世界上，所有的愛都是以聚合為最終目的，只有一種愛是為了分離，那就是父母對孩子的愛。父母真正成功的愛，不是把孩子留在身邊，而是培養孩子獨立，放手讓孩子走。」

不論你多疼愛孩子，心裡都明白，在他出生的那刻開始，父母的天職就是陪著他一步步走向獨立，邁向自己的人生，但我們給他的幫助到底是真正的需要，還是成人的誤解？每一對父母都是當了爸媽後才開始認識這個小生命，努力學習陪伴他最好的方式，在他步入團體生活後，更是首度檢視家庭教育是否到位的機會，可以重新調整腳步跟上他的發展。

中班的孩子還沒辦法獨立進食？小班的孩子還不會自己穿好鞋子？大班的孩子整理書包時依舊忘東忘西？我在幼教現場工作多年的經驗發現，很多時候不一定是父母不願意配合或放手，而是不確定孩子能做到什麼程度，不知道何時該放手？比如說當家長聽到老師說：「大班的孩子可以練習自己洗澡囉！」很多家長都會訝異：「這麼小就可以喔？」因此我們教師團隊討論出這份檢核表，希望給現代父母明確的標準來要求孩子與自己。家長們可以時時檢視，家中的教養有沒有跟上孩子的發展進度，才不會錯失良機！

獨立性檢核表

使用方法：以足歲來算，滿兩歲的孩子，請爸媽回答兩歲的問題，一共十題；如果孩子已滿三歲，請回答兩歲與三歲共二十題，以此類推，孩子若已滿五歲（含以上），則請回答所有的問題。請誠實做答！

•兩歲	**從不**	**有時**	**總是**
可以自己穿脫鞋子、襪子	□	□	□
可以完全自己進食及用杯子喝水	□	□	□
不須扶持會上下樓梯	□	□	□
自己走路上學（或獨立步行超過30分鐘）	□	□	□
會收拾東西及玩具	□	□	□
可以獨自入睡並一覺到天亮	□	□	□
跌倒可以自己爬起來	□	□	□
每天攝取不同的蔬果，不以牛奶為主食、不挑食	□	□	□
可以自己咀嚼、咬斷、吞下各式蔬菜及肉類	□	□	□
出門時可以自己背小背包，並注意自己的物品	□	□	□

‧三歲

- 可以自己穿脫衣服及小內褲 □ □ □
- 回家後可以自己拿出餐袋、水壺、連絡本，獨力完成整理書包的動作 □ □ □
- 可以自己背書包上下學 □ □ □
- 會適當的說出請、謝謝、對不起 □ □ □
- 可以確實並在正確的時間主動洗手 □ □ □
- 會有禮貌的回應別人的問題 □ □ □
- 可以自己安靜的閱讀並愛護書籍 □ □ □
- 會用語言表達情緒、解決衝突 □ □ □
- 可以協助簡單的家事（擦桌子、擺筷子、剝菜、摺襪子等） □ □ □
- 可以獨立步行超過40分鐘 □ □ □

‧四歲

- 大小便訓練已完全完成（不用包尿布大便、過夜） □ □ □
- 可以獨立步行超過一小時 □ □ □

	從不	有時	總是
會自己倒水用杯子飲用	□	□	□
用餐後會自己收拾桌面並善後（將碗盤放到廚房等）	□	□	□
可以獨立的去上廁所並擦拭自己、整理儀容	□	□	□
可以自行拿取衛生紙擦鼻涕、打噴嚏會摀住口鼻	□	□	□
會自己洗澡並沖洗乾淨身體	□	□	□
會自己更換衣物，把衣物襪子翻到正面穿並調整好	□	□	□
會摺疊小件衣物或被子	□	□	□
在家中會主動協助家事（掃擦地板、桌面等家具）	□	□	□

• 五歲以上

	從不	有時	總是
可以主動自發的照顧環境（照顧植物、小動物、撿垃圾、垃圾分類等）	□	□	□
可以接受建言調整自己，不過度情緒化反應	□	□	□
遇到挫折會主動找尋協助或表達需求	□	□	□
會自己注意儀容、端正姿勢（如坐站姿、握筆）	□	□	□

可以自己洗小內褲或抹布 □ □ □

懂得在不同的場合控制音量與談吐禮儀 □ □ □

可以自己準備書包與隔日須攜帶的物品 □ □ □

正確的轉述與傳達別人的訊息（如學校） □ □ □

可以自己綁鞋帶、打蝴蝶結、繫皮帶等 □ □ □

可以自己選擇搭配出門的衣物並穿好打理好自己 □ □ □

計分方式：從不～0分

有時～1分

總是～2分

得分：

•兩歲組：

20～15分　你是稱職的父母

14～5分　加把勁！你做得到！

4～0分　請多來找老師聊聊吧！

•三歲組：

40～30分　做得好！繼續努力唷～

29～15分　要再更了解你的孩子唷！加油！

14～0分　多花點時間陪陪孩子吧！

•四歲組：

60～50分　你太棒了！多跟我們分享你的經驗吧！

49～30分　現在努力還來得及，再加點油！

29～0分　開始總比沒有好，就從現在好好努力吧！

• 五歲組：

80～70分　你一定要出來接受我們的表揚！太棒了！

69～50分　還有努力的空間，繼續加油！

49～20分　為了孩子做些改變吧！

19～0分　孩子一轉眼就長大了，多留點時間給他吧！

02

別讓「滿足」變成「剝奪」

一切習慣的養成都來自於父母，當孩子可以自己完成，成人卻出於寵愛或缺乏耐心，一再出手剝奪他練習的機會，就會一步步將孩子推往無能的路，不可不慎之！

有一次帶小朋友到動物園戶外教學，隨行的一位奶奶除了熱心的幫忙管秩序、照顧隊伍外，在短短幾小時的路程中，更忙著幫孫子穿脫外套，「偉偉，好像會熱唷，奶奶幫你脫外套。」「偉偉，有風耶，來把外套穿上。」這樣的細心照顧，對孩子來說，真的是一種享受嗎？

最近每星期例行的幼兒園輔導會議，老師們總不斷的和我反應班上孩子的種種偏差行為，似乎已不是和傳統一樣，出於家長的忙碌和忽略，相反的，常常是家中大人

過於呵護與照顧。

「何老師，我們班的容容，常常都是爸爸背著進學校，再背著他走回家，實在很傷腦筋耶！」常看到現在的孩子，兩腳一伸，自然就有人蹲下來幫他穿脫鞋；進了教室，滿教室的教具卻只會用眼睛看，或是在教室無所事事的看著別人工作，兩隻手像是裝飾品般的捨不得用。

蒙特梭利博士在巡迴世界各地演講時，常以一句話當做開場白「Help me to do it by myself！請幫助我讓我自己完成吧！」她說，給兒童不需要的幫助，就是對兒童生長的壓制，就是剝奪了他們學習的機會。當兒童可以自己做，而大人因為怕東西損壞總是搶著幫他做，孩子就會失去做的能力；當兒童可以自己走，大人卻總出於寵愛抱著他走，久了孩子的腿就會因缺乏練習，而走一點路就痠痛。

學校必須開始取代家庭的功能

現在的孩子生得少，所以家長常不自覺的替孩子做了過度的服務，導致孩子缺乏自信，有時家長和我抱怨孩子叫不動，玩具都不肯收，當我反問：「那你都怎麼辦呢？」家長常是兩手一攤：「有什麼辦法，只好幫他收囉。」這樣的孩子很少**因為自己的付出而得到成就感**，在學校通常沒什麼自信，因為他的自尊與滿足早已被大人過度的溺愛而剝奪了。

再加上現代生活的腳步太快，也容易讓孩子感覺吃力。我住在紐約時，有次和先生去公園散步，前面有對夫妻帶著一個兩歲的小女孩，當孩子停下來欣賞路邊的小花時，她的父母馬上就跟著停下來，在一旁等待，直到孩子再度站起來往前走，當時我心想：「這是多美的畫面啊，這對父母如此尊重孩子的學習與探索！」孩子的成長是需要等待的，當父母因為心急失去耐心，或是出於寵愛而不讓小孩自己完成成長的節奏時，他們小小的心靈很可能還未綻放，就萎縮而失去光彩。

教室中讓老師傻眼的狀況多不勝數，四歲的小女生拿著葡萄說：「老師幫我剝皮。」剛入園的中班孩子，老師把飯盛好了，一臉茫然的問：「老師，誰餵我？」帶家長參觀時家長問我：「小孩四歲了，還是要包尿布才能大便，來學校老師可以幫忙嗎？」不會用牙齒咀嚼、挑食、不愛喝水的孩子比比皆是，最基本的生存能力都出了問題，老師們只能大嘆「連家庭該給予孩子的基本生活能力都沒有做到，我們老師該怎麼教？」

家庭的許多功能都在沒落與消失中，幼兒園老師首當其衝的得面對各種意想不到的情況，老師的功能因此必須不斷調整，尤其當我們發現**問題不只是出在孩子身上**時，老師們就要更用心的經營親師溝通，期望透過我們切身的經驗與對孩子發展的認知，幫助每個家庭導正觀念，給予孩子真正的幫助。

管教孩子比順著他更費功夫

一個好朋友寫信問我：「我的保母好寵小孩，什麼都順著他，這樣好嗎？」我回信：「當然不好，你的保母在偷懶，建議你馬上更換，順著孩子比管教他來得容易多了，請不要雇用一個會偷懶的保母！」但回頭想想，身為父母，我們是否真的做到了好好教育孩子的職責，我們的行為，到底是愛他還是害他？

我們這一代的父母，在愛孩子、傾聽、尊重孩子之餘，別忘了給孩子明確的界線，及解決問題的練習、面對挫折的機會，讓孩子能清楚的分辨「可以與不可以」，過度的呵護只會養壞孩子的胃口，侵蝕他的意志，讓他變成家庭與社會的寄生蟲，而這一切習慣的養成都來自於父母，當他可以自己完成，而成人卻出於寵愛或缺乏耐心，一再出手剝奪他練習的機會時，就是一步步將孩子推往無能的路，不可不慎之！

我喜歡看到孩子經過努力後真心流露的笑容，「何老師你看，這是我自己拼好的拼圖！」或是家長來接孩子時，遠遠就可以聽到他們大叫：「媽咪，我要請你吃我自己做的蛋糕！」這樣的滿足感是我們幫他們做再多事都得不到的。

蒙特梭利博士在《童年之祕》書中曾說：一個人幼年時期的生活，直接關係到他以後成為成人的幸福。大人對小孩所犯下的錯誤，將給小孩刻下永遠無法消除的印象。犯錯的大人將逐漸離開人世，但這些錯誤留給兒童的不良影響，將陪伴他們走完一生的旅程。

願所有的孩子在幼年時期，就能得到最溫柔的陪伴與最有用的能力。

03

父母的暗示將成為孩子行為的預言

盡量不要在孩子面前討論他的負面行為，先把孩子支開，再和另一半或老師開始溝通。當我們給孩子的都是堅定的規範與正面的期許時，才能讓比馬龍效應發揮它正面的效果。

「我們家兒子從來沒有適應的問題，到新環境、上各種課程都不會哭，如果他哭就是一定是有人欺負他，絕不可能是分離焦慮……」→所以孩子哭鬧時，就會順著爸媽的說法，告訴爸媽學校有人欺負他。

「因為小孩害羞，所以不敢叫老師，小乖啊，你就是害羞對不對？所以不好意思跟老師打招呼，對不對？」→所以等到有一天，孩子想跟老師說早安了，想到大人的暗示，又低下頭來繼續沉默。

這兩個例子就是典型的比馬龍效應，意指期望的高低好壞將會影響結果，當我們對自己有正面的期望時，結果就會是好的，反之亦然，因此又稱「自我應驗預言」（Self-fulfilling Prophecy），而稚幼的孩子還無法對自我做出具體的期望（預言）時，爸媽、老師的期望，往往就會成為孩子自我形塑的標準。

魔咒般的預言

常聽到許多爸媽習慣性的用孩子的過去式，限制了他的未來式，不論是出於為孩子找台階下，還是想要表達自己最了解孩子，聽在孩子的耳中卻像是魔咒般的有用，因為爸媽就是他們最重要的依附者。如果父母的暗示充滿負面的訊息（比如，你就是這樣、你就是不行、你不可能做得到……），不難發現孩子都照著爸媽寫好的劇本走，不但剝奪了孩子發展的自主性，更給孩子的未來設下重重限制。

因此我想要特別提醒爸媽，盡量不要在孩子面前討論他的負面行為，先把孩子支開，再和另一半或老師開始溝通。當我們給孩子的都是堅定的規範與正面的期許時，才能讓比馬龍效應發揮它正面的效果。**對待孩子，我們要懂在心裡、愛在眼裡、教在**

口裡。

曾經有位爸爸早上習慣性在教室外逗留，明明早就和女兒說完再見了，卻沒有離開的意思，無論值班老師如何明示加暗示都無效，後來我們才知道爸爸非常擔心女兒在班上沒有朋友、早餐吃不完、過得不開心。

小女孩因為是家中獨女，剛來時的確有些適應上的挑戰，但是在老師的陪伴和鼓勵之下，已經慢慢克服很多不習慣。有一天又看到那位爸爸在教室外排徊，我忍不住過去提醒他：「爸爸，你擔心的留在這裡，孩子感受到的會是你的『不信任』喔。」對孩子過度的擔心在孩子耳中、眼裡，常會變成「是我不好，我做不到，所以父母要常常提醒我保護我」，嚴重時孩子甚至會退化成 baby 以配合大人的「需要」。

爸爸沒有接話，我看到他若有所思的神情，相信他會有所改變。在教學現場，我們的確發現有一些孩子很習慣扮演弱者，因為他們發現這種角色「很好用」，不但可以抓住大人的注意力，也能獲得更多的權利與憐愛，大人更透過這種「照顧呵護」與「我給得起」的成就感，而滿足了屬於大人的心理需要。

你的信念重要，還是孩子的需要重要？

在教學現場，我們就經常看到分離焦慮早已處理完畢的孩子，還在跟爸媽哭鬧，不肯進校門，但當老師理性的用尊重、相信的口吻，表達對孩子的期望，神奇的事就會發生，孩子隔天就可以收起情緒，自信平穩的進入學校，和在家時判若兩人。而老師所做的，只是相信他可以做到而已，絕不會因為孩子一次的失敗就唱衰他的未來。

另外也遇過一種狀況，大人的干擾、介入，事實上是在保護自己的信念、價值觀，但卻無意識的改變了孩子對自己的看法。比如，有些大人老愛追著孩子加衣服，因為他們認為如果沒有穿夠衣服，會導致孩子生病，最嚴重的結果可能害小孩死掉。所以就算孩子抵抗力不錯、活動量大，根本不覺得冷，只要大人覺得小孩會冷，小孩就得趕快加衣服。

我無意批判大人的信念，也不是在說大人不能關心孩子穿得夠不夠，而是想提醒各位，在我們要求孩子的同時，不要忘了隨時回頭檢視，現在你是在滿足自己的「信念」、「價值觀」、「需要」，還是你有把孩子真正的「需要」（**請注意，不是「想要」！**）放在自己的「需要」之前？

如果成人用過度的方式管教孩子、壓抑孩子的需要，大人就會成為迫害者，因為在管教的過程中，很可能只是滿足了成人的「需要」。尤其現在社會網路、資訊非常發達，相對的雜音也非常多，**大人一定要有反思、辨別的能力，更要對自己與孩子有足夠的信心，才能不隨波逐流**，為孩子選擇最適合的教養方式。

就算你孩子已經中班了，如果你知道他還沒有準備好要進入團體生活，就不要因為三姑六婆的關心而焦慮；如果你相信語言學習不該是幼兒教育的重點，那就不要羨慕同事那個大班就可以英語對話流利的小孩。**每個父母都是教養自己孩子的專家**，只有父母才最了解自己孩子的氣質，只要能多練習提升「敏感度」，察覺到孩子真正的「需要」，良好的管教就不會是難事。

04

別忘了教孩子尊重你

請記得不要把孩子愈養愈小，不要忘記你的孩子會長大，不要逼著孩子退化成小 baby 來滿足大人照顧人的需求，更不要習慣用疑問句來為你說的每一句話做結。

這個年代的爸爸們都願意和妻子一起分擔育兒的工作，光是期初家長座談會，全園九十個家庭有半數以上的爸爸出席，即可見一斑，這可是以往很少見的景象，我們發現孩子生得少，現在的家長對於孩子的教育、教養，都比過去更加用心。

某天放學，老師想和一位爸爸單獨聊聊他的女兒最近不斷尿褲子的問題。這個小班女孩其實已經確認生理成熟，可以完全戒尿布了，老師覺得不能再順著小孩，必須要開始要求，因此要和一度想走回頭路，讓女兒包回尿布的爸爸好好溝通。

當溫柔爸爸遇上拗小孩

這個堅持度很高，習慣用大聲哭鬧逼大人屈服的小女生，看到老師和爸爸在外面交談就開始鬧彆扭，等到老師和爸爸談完了，爸爸請小女生和老師再見，小女生卻閉緊了嘴，爸爸用非常溫柔，甚至有點裝可愛的語氣問她：「小玉（匿名）你就跟老師說聲再見，告訴老師你要回家了好不好嘛，可以嗎？」

我聽到爸爸這麼低姿態的問句，忍不住把爸爸再單獨帶開告訴他：「爸爸，你需要調整和小玉說話的習慣，請你開始練習用直述句、肯定句跟孩子溝通，尤其是這些本來就應該要做的事情！事事都詢問孩子可不可以、要不要、好不好，如果她說不要，難道就真的不要嗎？你是不是還得再費盡千辛萬苦的說服她，直到她點頭為止。請爸爸想想這樣的問句意義何在，難道這樣就是『尊重』孩子嗎？」

爸爸很認真的聽著，我猜想這些問題應該困擾這位用心投入育兒的爸爸很久了，而我也終於了解，這個小女生堅持度為什麼如此之高了，想必在家中只要哼個聲、跺個腳、大發雷霆，爸爸就會順從她。如果我們大人夠堅定，給孩子規範和約束，讓孩子去經驗自然世界的法則；了解**愛一個孩子，不是只有尊重他而已，更應該教導他，**

讓他明白做人做事的道理，讓他知道世界並不是繞著他在運轉的，孩子到了團體中一定能感受到自在與自由。

現代家長的教養迷思

這幾年遇到很多家長在孩子的大小便訓練上出現瓶頸，好幾個滿三歲的孩子都還堅持要包尿布才肯大便或尿尿，這種現象不免讓我憂心，因為這群家長對孩子的教養可說是不遺餘力，幾乎看遍坊間各式的教養書，奉專家建議為圭臬，可惜最終卻反而困在其中，充滿疑惑的問我：「不是說不要給孩子們壓力嗎？大小便訓練這麼重要，不要強迫他們的意願，不然他們長大會有陰影，我們這樣做沒錯吧？」

這些似是而非的道理，困惑了許多父母，不是說要尊重孩子嗎？但是在尊重與管教之間該怎麼拿捏，卻是另一門深奧的功課。有個孩子在班上出現非常多挑釁的動作與言詞，讓我們困擾不已，我向媽媽反應時，媽媽說：「怎麼會這樣呢？我們的相處一直像朋友一樣啊，他應該沒有壓力啊！」殊不知當父母降格為朋友時，會帶給孩子多大的困惑，而這些放任的自由，更會帶給他人多麼大的干擾！

我之前看過張曼娟女士說到：「在少子化的風浪中，很多父母開始活得愈來愈卑微，大量且過度的尊重孩子，換來的卻常是自己巨大的失落與焦慮。」

請記得不要把孩子愈養愈小，不要忘記你的孩子會長大，不要逼著孩子退化成小baby來滿足大人照顧人的需求，更不要習慣用疑問句（好不好？可不可以？要不要？）來為你說的每一句話做結。總是怕孩子生氣失控，沒辦法接住並處理孩子的情緒，只會使孩子生存在混沌不清的是非觀與道德觀中，所謂的「尊重」從來不會以這樣的形式存在。專家們說要多和孩子說「可以」，減少否定他們的機會，**不代表**我們就得卑微委屈自己去成全孩子所有的欲望，有時父母堅定的「不」，帶給孩子的才會是更確定的未來與更成熟的人生。

在我們給予孩子大量尊重的同時，請別忘了教導他尊重別人，包括尊重你。

色難！生活細節的要求

曾有老師分享，某生只要一被老師提醒，就馬上斜眼看旁邊，臉上出現不悅的表情，老師反應後，媽媽馬上帶孩子去看眼科，結果醫生表示孩子生理狀況良好，應該只是習慣問題。

一位來園參觀的時髦媽媽，快三歲的兒子在參觀過程中，不斷試探大人底線，沒有先問就拿起學校的玩具玩；不顧媽媽正在和老師談話，吵鬧著要媽媽陪玩；最後一聽到要走了，馬上踢掉拖鞋，爸爸趕忙把孩子抱在身上服侍他穿鞋，再幫他撿回丟得到處都是的玩具。

談話之間，媽媽很客氣地請我幫忙看看這孩子有沒有過動，還說他們已經預約要去做評估了，但我還是很不客氣地直言，在我看來，是家中規則過於鬆散，主要照顧者沒有堅定的建立該有的規範，才會讓孩子一直靜不下來。這位可愛的媽媽居然回我：「可是我很不想要變成那種媽媽耶！」讓我啼笑皆非。

這一代的孩子們得到非常多的關注，大人們用很多古早人沒聽過的病名為孩子脫罪，上課分心馬上就先懷疑孩子是不是過動症？沒睡飽心情不好？飲食糖分過高？還是電視、３Ｃ看太多？……，這些推斷當然都是可能的，但更可能只是做父母的我們，沒有做到生活上最基本的禮貌、常規細節的要求。

各位家長不妨在家裡測試看看，在另一個房間呼喚孩子，看看孩子會不會立刻到跟前來？或至少很大聲的回覆：「媽咪，等我一下，我收拾好馬上來！」還是根本就不出聲、不回應、當作沒聽見？等著大人走去找他？甚至要等到大人生氣大吼了，才有反應？這些基本的生活禮儀，爸媽們是否有從孩子小的時候，就以身作則的教給他們呢？還是總覺得他們還小，以後去上學就能學會？

孩子能否確實做到這些生活細節，在家中或許還看不出明顯的好處或壞處，但是一進入團體生活後，就會明顯影響到孩子的課堂學習、人際關係，甚至是師生關係。試想，當老師同時呼喚兩個孩子，一個是很有禮貌地馬上到老師前面，詢問老師有什麼事；另一個則是千呼萬喚叫不來，還得讓老師放下手邊的工作，三催四請才肯過來，不但會影響老師對孩子與其家庭教育的觀感，更會影響到老師教學工作的效率，與其他孩子的受教權，而這一切可能都只是出於家庭沒有正視生活細節的教導，孩子充其量也只是受害者之一而已。

論語中有一段子夏問孝。子曰：「色難。有事，弟子服其勞，有酒食，先生饌，曾是以為孝乎？」子夏問孔子怎樣才算是孝。孔子說：「侍奉父母，最難能可貴的是要表現出愉悅的臉色。若只是家中有事時，才由子女操勞，有了酒、飯讓父兄享用，難道這就算是孝順嗎？」如果我們能教會孩子最基本的生活禮儀，對師長和顏悅色，相信他不論到哪一個團體，都能無往不利。因此，在幫孩子釐清與修正生活上的偏差行為時，別忘了先檢視自己的要求是否到位，而非急著幫孩子找藉口。一味的寵愛、心軟，是教不出負責任的孩子來的。

05

獨生子女與手足問題

我相信子女和父母的連結與依附關係是否正向所造成的影響，遠比孩子是否為獨生子女更為重要，手足之爭如果沒有好好引導，甚至可能會變成一輩子的心結。

一位只生一個小男孩的媽媽，憂心忡忡的和我分享，小班年紀的兒子，雖然外表看似獨立、常常表現得很不在乎，睡前卻常常告訴媽媽：「媽咪，我在學校都沒有朋友。」講到這裡，媽媽眼角泛著淚光，我看了也好生心疼。

這個小男孩偉偉我接觸了大半年，知道他是一個衝動性比較高的孩子，剛來學校時老師花了不少心力引導他，因為他常常無預警的搶走別人正在使用的玩具，造成很多衝突，當然也影響了他的人緣。

媽媽問我，是不是因為家裡沒有兄弟姊妹，才導致偉偉不懂社交，影響人緣？我告訴媽媽學校其實也有不少獨生子女，但我並沒有看到他們有類似的問題，每個孩子的氣質都不同，只要爸媽懂得引導，幫孩子適度的增加同儕經驗，我不認為光是沒有手足就會影響人緣。

反倒是孩子的衝動性，才是家長應該多留意與引導的。我建議家長盡可能減少對孩子說教，他們需要的是更多的了解和同理，甚至是必要的自然後果，才能讓孩子在衝動出現前踩下煞車，避免一錯再錯！這類衝動性較高的孩子的確在人際方面很容易被邊緣化，甚至以後到了國小、國中容易發生霸凌的事件，可能是孩子霸凌別人，也有可能成為被霸凌者，家長不可不慎。

生一個生兩個，家長面臨的課題各有不同

我相信子女和父母的連結與依附關係是否正向，所造成的影響遠比孩子是否為獨生子女更為重要，當然家中有兩個以上的孩子，也會有不同的困擾，其中我們最常聽到的就是手足之爭，如果沒有好好引導，也可能會變成一輩子的心結。

我曾遇過一對相差六、七歲的姊妹，姊姊當了多年的獨生女，在妹妹出生、長大後倍感壓力，因為媽媽覺得妹妹還小，常要姊姊讓妹妹，沒想到造成姊姊慢慢開始怨恨妹妹。某天妹妹上學時臉上有個清楚的指甲印，後來才知道是積怨已久的姊姊趁爸媽不注意時抓的，我們發現事態嚴重，趕緊找爸媽來會談、商討對策。

手足最怕的就是不公平的對待，產生怨恨的心結，但什麼是公平？什麼又是不公平呢？**不同的對待每一個孩子，其實才是最公平的**（Melvin Konner, Childhood: A Multicultural View）。這句話不但適用於有特殊需求、弱勢孩童的身上，更適用家中有兩個以上孩子的家庭。

舉例來說，十顆牛奶糖兩個孩子一人五顆，你覺得是最公平的分法嗎？如果其中一個孩子根本不喜歡牛奶糖，他會不會抱怨大人根本不愛他，所以沒有準備他喜歡的糖果呢？看似簡單的問題卻可能造成很多家庭的困擾，因為**大人如果只著眼在表象的公平性，絕對無法滿足每個孩子的需求**。

我常和家長們分享一個手足教養的小技巧，就是「教大罵小」。其實通常衝突會開始都是因為小的控制力差，所以惹毛了大的，請家長切記，一定要**在大的面前斥責小的，具體且真實的反應現場的狀況**，像是「妹妹，你怎麼這麼不小心啦，姊姊這個拼圖拼了很久耶，你現在碰亂了，姊姊又得重來了！」**無需過度誇張，只要好好訴說出姊姊的心情，就是最好的同理**，而你也會發現當姊姊的情緒被理解時，她可能反過來安慰妹妹，這場衝突就可以完美的落幕了！

如果真的是兄姊的問題，請盡量不要在小的面前罵大的，把兄姊帶開好好的溝通，務必要**幫大的保留面子，讓小的對大的服氣且尊敬**，絕對可以避免很多不必要的衝突。在孩子還小，手足一開始發生爭端時就要好好運用這些技巧，才可以建立良好的手足關係。不妨也試著讓大的多參與協助照料小的，就算是幫倒忙，也請耐著性子謝謝他們的付出，都會讓大的更接納小的帶來的不便與時間、空間的被剝奪感。

每一個孩子都是獨立的個體

另一種狀況是雙胞胎，這裡可以分享我家的切身經驗。我懷孕時就聽本身是雙胞胎的同事告訴我，她從小最痛恨媽媽讓她和姊姊穿一樣的衣服，那或許滿足了大人覺得可愛的表象，卻忽略了就算是雙胞胎，都有著完全不同的個性和喜好，更不想和別人一模一樣！因此我家雙胞胎兄弟從幼幼班起就徹底執行兩人分班的原則。

兄弟倆唯一一次同班，是他們國一時就讀體制外的實驗學校，一個年級只有一個班，兩人二十四小時相處，生活完全重疊，喪失了個人的空間與隱私，因此嫌隙愈來愈大，爭吵也愈演愈烈，讓我們花了不少心力處理，最後以轉學做收（當然也因為學校還有其他問題），兄弟倆的關係才慢慢恢復常態。

我在幾年前遇過一對龍鳳胎，因為爸媽期待比較能幹的妹妹幫忙盯著散仙哥哥，不顧我們的建議硬要兩人同班，結果可憐的妹妹就像是哥哥的書僮般，不但要回家報告哥哥的狀況，還要幫忙注意哥哥的物品、學習，直到我們忠言逆耳的請求爸媽讓他們分班後，妹妹臉上才開始出現光彩，還建立起自己的朋友圈，而哥哥也終於開始學習對自己負責，頓時間長大不少。

因此到現在，如果問我，我還是會建議爸媽不要把兩個孩子放在同一班，就算不是雙胞胎，在蒙氏教室可以混齡，除非相處融洽又能確定不互相干擾，否則我們都**強烈不建議手足同班**。

到底獨生子女好，還是有手足的家庭好，並沒有標準答案。每一家的爸媽們拿到的試卷都不同，但是我相信只要各憑功力、用心引導，一定都可以教養出有自信、好人緣的孩子。

06

失敗，是孩子獨立的開始

沒有一個人喜歡失敗的感覺，重點應該是如何引導孩子面對並接受，而非孩子一遇到挫折就把她帶離現場，父母保護得了她一時，可保護不了她一世。

有老師和我聊到這批新生大小便訓練幾乎都還未完成，其中一個孩子因為有次坐車時，不小心尿下去了，後來只要出門家長一定會幫孩子包上尿布，「媽媽的語氣聽起來不打算再試，還希望老師每次戶外教學都讓孩子包著尿布。」

我也想起有次戶外教學，剛來上學沒多久的小乖，站在溜滑梯上正準備往下溜的時候，老師馬上趕到他的身邊，牽著他的手陪他，然後轉頭告訴我：「園長，小乖爸爸說他曾經在溜滑梯上被推，所以會害怕，需要大人陪著。」我心裡不禁想，小乖需要的是我們繼續複製爸媽對待他的模式嗎？

有個晚上我要出門遛狗，電梯門一打開，外面站著一個爸爸牽著大約五歲的小男生，小男生還沒來得及反應，爸爸馬上用有些誇張的動作，把小孩拉到他身後擋著，然後很緊張的告訴我：「我們家小孩很怕狗，沒關係沒關係，你先走你先走。」當下我真不知道該怎麼回應，只好拉著狗快步離開現場。

「從失敗中學習」不該只是一句口號

你看出這些故事的關連性了嗎？在孩子成長的過程中，我們都知道他們會失敗，也都知道失敗沒有關係，要給他們機會，要鼓勵他們勇於嘗試，但**大人嘴上說的，和實際上做的，真的一致嗎？**我們也都知道應該要幫助孩子獨立，讓孩子慢慢不需要依賴大人而自立，但我們所傳遞給他們的訊息又是什麼呢？

蒙特梭利博士曾說，我們對孩子的責任，是幫助他們去完成他們應該自己完成的事。母親餵孩子吃飯時，不教他怎麼自己把食物送進嘴裡，這樣的母親不是好母親，她冒犯了孩子的基本尊嚴，把他當成了玩偶。誰都知道，教孩子自己吃、自己洗手、自己穿衣，比餵孩子吃、替孩子洗、替孩子穿更困難、更需要耐心！那樣做對母親比較容易，然而對孩子很危險，會在孩子生命發展的道路上設置障礙！

關於大小便訓練，我們當然要先確認孩子的生理狀況是否已經成熟，通常最好的訓練時期是兩歲半左右，只要孩子好幾個小時尿布都是乾的，就可以開始訓練。教學現場最怕的就是家長開倒車，好不容易孩子已經有進步，卻因為一次的失誤，就把尿布重新包回去，殊不知這個動作傳遞給孩子的訊息是：「你做不到，還是算了吧！」這樣一來，孩子下一次的起步將更艱難。

我們在第一線也發現，愈來愈多到了大班、甚至七歲，睡覺還包尿布的孩子。這些都是違反幼兒發展的舉動，因為大人覺得尿濕床很麻煩、半夜起不來，所以錯過了訓練的黃金期，一直讓孩子包下去，最後演變為兒童心理的問題。我們就曾經遇過一個三歲的小女生，確認她生理上已準備好，所以幫她脫掉尿布，告訴她尿下去沒關係，老師可以幫忙，結果她就一整天不喝水，硬憋尿到整個下腹腫起來，要協助這個孩子時，要考慮的就不只生理，還有心理的因素。

和媽媽溝通後才了解，這個長得像陶瓷娃娃般，有著大眼睛、細緻五官的小女孩，只要和爸爸一起出門，雙腳從沒有落地過。爸爸甚至告訴媽媽，他以前念專科學校要住宿，但他第一天就不喜歡那個學校，馬上打電話給媽媽說要轉學，媽媽也真的照做，所以他告訴太太：「我專科不想念都可以不去了，我女兒才幼兒園，她如果不想上學，為什麼要強迫她？」讓我們聽了都傻眼。

不論是我們或是孩子都會有失敗或犯錯的時刻，也會從中學習與成長，沒有一個人喜歡失敗的感覺，重點應該是**如何引導孩子面對並接受**，而非孩子一遇到挫折就把她帶離現場，這樣我們養出來的將會是個不經一擊的陶瓷娃娃，父母保護得了她一時，可保護不了她一世。

孩子玩耍的過程中，難免有碰撞，或真的遇到比較粗魯的孩子，我們當然可以保護孩子，讓孩子避開可能的衝突，但更重要的應該是教孩子如何應變。被狗嚇過一次，可以告訴孩子要跟不認識的狗保持距離，不代表孩子需要對所有的狗感到恐懼；不小心失誤尿出來了，可以出門前先提醒孩子上廁所，訓練過程中稍微控制飲水量，多準備些備用衣褲以備不時之需。大人沒有陪伴孩子失敗並努力學習，孩子怎麼能感受到透過自己的努力，征服失敗的成就與滿足呢？

07

不打孩子，真難！

要培養出理性、有教養的孩子，就應該給他們方法而不是情緒，不要讓孩子在後悔自己犯錯的同時，還要提防大人情緒失控，讓害怕被打的心情大過自省。

在例行教學會議中討論到體罰，一開始有老師表示，現代人應該沒有打小孩的情況了吧，討論的結果卻發現，其實有很多人還是信奉「不打不成器」或是「打才有用」的觀念。

其中一位同事分享了她和姪女的故事。上小學的姪女因為貪玩，不顧家人的擔心和一再的叮嚀，和朋友玩得太晚，沒有準時回家，同事覺得事態嚴重，所以打了姪女一頓，好讓姪女了解事情的嚴重性和家人的擔憂。這位同事還說，和大人們言語上的暴力比起來，適度的體罰對孩子來說並不會不好，反而可以嚇阻他們不當的行為。

聽在耳裡，我心中生出很多疑問。如果今天犯錯的是家人或朋友，你一再叮嚀，他卻屢次遲到爽約讓你擔心，你會不會拿出棍子來，好好打他一頓以示警惕呢？也許你會說這不一樣，大人們爽約遲到，比較不會有安全上的問題；那我再問你，如果你的好友或親兄弟吸毒（這可比小朋友貪玩晚回家還嚴重吧！），為了讓他知道事情的嚴重性，你是不是應該好好打他一頓呢？

事實上就算情節嚴重，甚至進了勒戒所，也不會用毒打的方式戒除毒癮，而是採取隔離或轉移注意力，培養其他興趣的方式引導吧！那為什麼對孩子，就要用打的呢？也許你會說，因為他只是小孩嘛！那大人平時掛在嘴上說要「尊重小孩」，到底又是什麼意思呢？

別再「合理化」大人的暴力

很多人會說：「哎呀，我小時候也是被打大的，也沒怎樣啊！」真的沒怎樣嗎？不瞞各位讀者，我小時候也是被打大的，不只家裡打、學校也打，每次被打，我都一樣害怕、沮喪、生氣，有時甚至還帶著怨恨的心理，在日記上用當時覺得最惡毒的字句，氣憤的罵著因為我粗心、考不好而打我的媽媽和老師，而我的粗心，似乎也沒有因為一再的打罵而改進。還記得高中時數學不好，期中考拚了全力還是考得不理想，我已經夠難過了，卻還要承擔媽媽師長的冷言冷語、指責批評，至今都無法分辨那天晚餐眼淚配著吞下去的是白飯，還是委屈，**這難道會是你想要給孩子的回憶嗎？言語上的暴力也是暴力**，或許你會說：「我又沒打小孩。」事實上，打跟罵不過是五十步笑百步罷了。大人總是用「適度」二字合理化自己的行為，但「適度」的標準到底是什麼？曾經動手打過孩子的人就應該知道，當你動手時，很難心平氣和、沉著冷靜，事後才後悔打太重的例子更是不勝枚舉。

動手打孩子，其實常是出於人類最原始的衝動與以牙還牙的心態，再加上孩子處於弱勢無法回手，更滿足了大人的優越感，很多大人甚至沒有自覺到，以打罵控制孩子，正是在給孩子示範一種最不理性的行為。

以最不理性的行為，教育孩子理性，效果當然可想而知，更何況孩子的模仿力強，很快他也學會用暴力來解決問題，就算因為大人的壓抑而勉強壓抑動手的欲望，最令人擔憂的還是他始終沒有學到解決問題的方法。

現在我長大了，再回想起以前粗心的習慣，才發現原來可以透過驗算，用不同的方式來檢查答案，而不是以相同的方式反覆重算，難怪小時候我怎麼檢查都找不到錯誤。要培養出理性、有教養的孩子，就應該**給他們方法而不是情緒**，不要讓孩子在後悔自己犯錯的同時，還要提防來自大人的情緒失控，更不要責怪你的孩子老是不懂反省，因為他害怕被打的心情，早已取代自省的可能性。

理性以對，才是王道

如果孩子是怕被打才不再犯錯，那我們永遠就得用打的方式，去提醒他每一個偏差行為，而且可以肯定的是，下手一定會愈來愈重，慢慢的孩子將會失去判斷與自省的能力，只能學會觀察大人的眼神和情緒。

至於體罰，和打、罵其實更是沒有兩樣，只不過稍稍掩蓋了直接的衝動，改以間接的疼痛取代，我想很少有小孩會一面半蹲一面反省，或是接受體力上的操勞時，還一邊想著下次要怎麼改進，能不在心裡偷罵處罰者或是自嘆倒楣被抓就不錯了，這種結果應該也不是你所樂見的吧。

因此，用理性處理孩子行為的偏差，絕不是曲高和寡、自命清高的表現，而是對成人EQ最大的考驗，這絕對是件不簡單的事。畢竟有太多習慣性的經驗與成長的記憶，隨時在暗示我們，加上原始的衝動反應和打下去後立竿見影的效果，往往讓成人忽略了打罵體罰所造成的傷痕是難以抹去的。

如果各位讀者願意給孩子和自己機會，可以先用隔離的方式（詳見下一篇文章），讓彼此冷靜下來，再一起去探討偏差行為的形成原因與可能的解決方法，讓孩子和自己都有機會思索與成長，我相信這才是文明世界前進的動力與世界和平的能量。

下次當你又舉起手想打下去，或又想叫孩子去高舉雙手半蹲時，別忘了**想想你最終的目的到底是什麼？**是要宣洩你的情緒、宣示你管教的主權，養成行為無能的孩子？還是希望孩子能學會自律自省，變得更負責任與成熟懂事？深深吸一口氣，再決定吧，後果全在你的一念之間。

08

除了懲罰，我們還可以這樣做

當孩子知道只要他負起責任，收拾好一時衝動做錯的事，真心彌補錯誤，這個事件就結束了，就能心甘情願的收拾後果，甚至會發現收拾太麻煩了，而在下次衝動前自己收手。

有天和朋友聊到，孩子失控時使用 time out（隔離）的處理方式，朋友是位非常用心的媽咪，雖然孩子還不滿三歲，但她已經讀過許多教養書，也知道不宜打罵體罰，不過她苦惱的是，使用隔離法時，孩子總是頑固抵抗，不是哭鬧，就是盧著要用站的、站沒多久又吵著要用坐的……，最後朋友只好舉起女兒的小手狠狠打兩下，女兒才乖乖就範。

我聽了真是哭笑不得，問她：「既然你要打她，那為什麼不一開始就用打的，打了之後再叫她去隔離，那跟『懲罰』有什麼兩樣呢？」朋友愣了一下問我：「所謂的『隔離』不就是一種『懲罰』嗎？」

我搖搖頭告訴她：「你誤會了！所謂的『隔離』最終目標是要引導孩子不靠外力（打罵、威脅、恐嚇）就學會『自律』，是希望在孩子情緒失控時協助他安靜下來，在杏仁核高漲時，啟動他前額葉的力量，做出理性的判斷。」

有效的隔離，應該這樣做

朋友若有所思的說：「那我真的是誤會了，我一直以為『隔離』是要『懲罰』她的不聽話，原來不是！」我回答：「沒錯，在學校我們使用隔離法時也會十分小心，我們不是為了要讓孩子腳痠或嚇他，否則他只會因為害怕受罰才不做不對的事，並不是真的懂了。」

朋友又問：「如果小孩真的不聽或不肯配合隔離，怎麼辦呢？」我說：「不動怒的堅持！」要讓孩子知道大人說到做到，沒有討價還價的餘地，不需要多解釋「因為你不收玩具，所以要隔離」，更不需要問孩子「去坐三分鐘，可以嗎？」請直接抱起孩子到隔離的椅子上坐著，幾歲就坐幾分鐘。剛開始可以從後面稍微施力，小心別弄痛孩子的抱住他，或讓孩子坐在大人身上，由大人陪他坐都可以，重點是要讓孩子知道「這不是懲罰，而是讓你休息冷靜的時間」。

時間到就平靜的告訴孩子可以離開了，如果他已經很清楚為什麼要來休息（比如已是累犯），甚至連解釋或訓話都可以省略。我這邊必須提醒各位家長，**孩子不是故意要惹你生氣，才做出偏差的行為**，而是因為他的前額葉還沒有發展成熟，才會不小心又失控了，你的角色不是法官或警察，而應該是個耐心引導、啟發，並且相信他可以自己做到的教練。

這樣重複幾次之後，當你說：「請你去休息三分鐘」時，孩子會很神奇的停下不正確的行為，自己走去休息區坐著，不需要大人動怒。我又繼續說明：「不過務必要記得，當我們要進行隔離時請不要忘了配套措施，很多時候孩子的哭鬧是因為他知道做錯了，卻不知道該怎麼辦，適當的隔離可以幫助孩子慢慢恢復情緒，但如果只有一味的隔離忘了後續的引導處理，就有可能讓孩子陷入焦慮甚至絕望，**千萬不要讓孩子覺得自己被遺棄了**，不論如何都要讓孩子感受到大人是想要幫助你，而不是要懲罰你到你乖為止。」

「自然後果」與「邏輯後果」絕對比懲罰有效

阿德勒學派主張「自然後果」及「邏輯後果」，自然後果指的是最直接的後果，比如說飯沒吃完就跑去玩，肚子很快就會餓了；邏輯後果則是經由人為安排，附加在行為之後，目的是協助孩子學習自我負責，但必須符合邏輯性，能被孩子理解和接受，不然很容易就會流為「懲罰」，例如有人在教室裡亂丟垃圾屢勸不聽，我們可以一起在團體時間中討論出合理的處罰方式，像是亂丟垃圾的人就要當一天值日生，負責維持教室中的清潔。

某次，大家一起在木地板上做勞作時，一位自我控制力偏低的小班男生又情不自禁的拿起蠟筆在地上亂畫，因為已經不是第一次了，老師平靜的收走他的蠟筆，請他坐在旁邊休息，不能和大家一起玩玩具。

我剛好經過，便請老師拿一條擦地板的抹布過來，然後蹲下來告訴小男生：「你知道畫畫要畫在紙上，不可以畫在地板上，現在請你把地上的蠟筆全部擦乾淨，擦完就可以去玩玩具了。」我帶著他，明確指出地板上好幾條長長的紅色蠟筆痕跡，提醒他要用力擦才能擦乾淨，接著把抹布交給他，小男生停止了哭聲，開始認真的擦著。

自然後果與邏輯後果，也是最能讓孩子平靜下來的方式，當孩子知道只要我負責收拾好一時衝動做錯的事，真心彌補我的錯誤，就可以讓這個事件結束了，就能心甘情願的收拾後果，甚至會發現收拾太麻煩了，而在下次衝動前自己收手。

孩子最怕的其實是好像看不到盡頭的懲罰或隔離，懲罰還有另一個副作用，會讓孩子誤以為只要處罰完或是說一句「對不起」，別人就應該原諒我，我就沒事了，這樣反而失去教導孩子負責任的最佳時機。

自然後果可以幫助孩子學會「自我控制」，而邏輯後果則是讓孩子學會「自我負責」，**生活上的小狀況其實只要運用得當，都可以是教導孩子的好機會**，但不要忘記，大人一定要保持情緒穩定，了解孩子偏差行為的動機何在，並給予適當的後果。

有些大人會秉持溝通的理念，在孩子犯錯後不厭其煩的講道理給孩子聽，但我們經常發現這種做法往往只會養出一個比你還會說道理的孩子。流於儀式的說教，真的不說也罷，當孩子體會到要把地上的蠟筆痕跡擦乾淨有多辛苦、手會有多痠之後，下次當他又想亂畫時，就會記取上次的教訓，自己收手改畫在紙上了。

關於賞與罰，你不知道的潛在危機

行為主義相信運用賞罰可以塑造孩子的行為，但在實際教養的過程中，賞罰制度可能會造成孩子更多的潛在問題，像是養成物質主義的小孩，造成他是為了禮物才會去做大人期望的事，如果沒有禮物就不做；或是因為害怕受罰不做大人不允許的事，當權威人士不在時就故態復萌，因此各位家長在運用賞罰制度時，務必謹記幾個原則：

1. 所有的獎懲都只是過渡，我們應該努力的是激發孩子想要做對的動機與行為。
2. 賞罰的強度必須根據孩子的氣質與發展而定。
3. 要讓孩子知道得到獎勵的原因是他努力的過程，而非因最後的成果。
4. 言出必行，話說出口卻沒有貫徹是管教的大忌。
5. 所有的行為處理中最好的就是「自然後果」。
6. 請心平氣和態度堅定地接住孩子的情緒。
7. 所有的獎懲都應該有一定的標準，並需讓孩子事先理解。

09 好說、歹說不如不說

當成人很確定該怎麼做時，孩子也早知道為什麼不行，大人卻還繼續用「說服」的方式溝通，不但累死自己，也很容易養大孩子的胃口，請理性、平靜的多使用直述句！

有次點心時間，一個衝動性比較高的新生，想把手指伸進大家的點心中，好在老師立刻制止，把他帶到我辦公室，孩子臉上還帶著笑容，我聽到老師告訴小朋友：「老師沒有生氣，但想知道你為什麼這麼做呢？」

這時我暗示老師先等等，告訴孩子：「我很生氣你想做不衛生的事，這樣大家會都沒點心吃！現在你可以選擇在我辦公室吃完之後再回教室和小朋友玩，或是在這裡等媽媽來接你（只剩半小時就放學了），然後把點心帶回家吃。」

孩子非常生氣的大吼大叫加跺腳，發動身體所有電力系統來向我抗議，我請老師離開並且堅定的重複：「吃完點心就可以回教室和大家玩玩具了。」平靜但堅持，也讓他發洩他的不滿，邊繼續我手上的工作，邊觀察他的情緒是否漸漸和緩，輕描淡寫的提醒他：「其實吃完點心就可以回去了喔。」

他慢慢發現哭鬧沒用，換成問：「為什麼不行在教室吃咧？園長在做什麼啊？……」我置之不理，他就把目標轉向辦公室的行政老師，老師還沒開口我就直接告訴他：「老師在做她的工作，你現在的工作是把點心吃完。」他不再轉移話題，躲在電腦後面偷偷觀察我，我開始和行政老師演戲：「老師，其實小朋友把點心吃完就可以回教室了，快放學了，再不快吃就沒時間玩了，好可惜喔！」行政老師也配合著和我一搭一唱。

真實表達你的情緒

終於孩子回到點心旁，我過去請他坐下，他不肯，這時有沒有坐下不是我的重點，因此我提醒他：「如果待會你把我的桌子弄髒了，必須幫我擦乾淨喔！」他彎著身默默的把點心吃完，告訴我他吃完可以回去了，我摸摸他的頭謝謝他的配合。

事後我提醒了老師以下這兩個原則，也提供給家長們思考：

第一、大人當然可以表達你的情緒！孩子的行為不對，影響到大家，你當然可以生氣，這是直接的情緒不需要掩飾或否定，但我們不可以有「情緒化」的行為表現。

情緒教育就是要**讓孩子體察並說出自己的情緒**，所以大人在處理孩子行為時，如果能精確的說出自己的感受，對孩子來說會是很好的學習，比如：「我好沮喪，當我請你來洗碗時，你告訴我你不喜歡當我的小孩，我覺得我的心受傷了。」切記情緒沒有對錯，反而是當孩子卡關時，你若能幫他說出當下的情緒，甚至真實的表達出你的感覺，對他來說就是一種同理、解放與學習。

而**所謂的尊重孩子，絕對不是大人永遠笑嘻嘻、不對孩子生氣**，「正向教育」是要幫助孩子處理完情緒後，選擇正確的解決方式，讓孩子更成熟、EQ更好，而大人刻意隱忍、過度尊重孩子，往往忍到最後才爆發時會更可怕！

第二、**不是什麼時候都要問「為什麼」！**尤其是孩子一時衝動做的事，在超市奔跑、在朋友家亂開別人的抽屜、在餐廳大聲喧譁、動手打人、破壞物品……**不行就是不行，為什麼要問他「為什麼」呢？千萬不要以為這就是所謂的「同理」！**

問孩子「為什麼」只會養成他善辯的習慣，下次他絕對可以把你的道理重複說給你聽，讓你啞口無言，所以開口之前，請先思考你「為什麼」問他「為什麼」，是希望他回答你什麼？讓他習慣找藉口嗎？還是只是想聽他說一遍正確答案？就算說對了，下次他就不會再打弟弟了嗎？

當你說再多也沒用時

大人明明有答案，卻要用問題去引導孩子認同自己的想法，還不如一開始就把界線和結果說清楚，才不會讓孩子無所適從、不斷測試大人的底線。我們這代的父母接收到太多教養資訊，都說要尊重孩子、要和孩子溝通討論，總是希望能照顧孩子各方面，尤其是心理的需求，因此當孩子出現偏差的行為時，總不斷努力說服孩子，希望孩子最終「首肯」，願意主動配合。

殊不知在幼兒成長的階段，除了尊重之外，紀律更是不能忽略的，尤其當幼兒們正在練習運用「不」的力量時，有時那個「不」其實是在**等待成人更明確的指示與堅持**。當成人很確定該怎麼做時，孩子也知道為什麼不行，大人卻還繼續用「說服」的方式溝通，不但累死自己，也很容易養大孩子的胃口，三歲之後就只能怪孩子怎麼叫不動、講不聽、意見那麼多了，因此我會建議爸媽，有時候也該理性、平靜的多使用直述句，而非總想用疑問句「好不好？」「要不要？」「可不可以？」來說服小孩。

有位媽媽無奈的告訴我，孩子其實兩歲就已大小便訓練成功了，可是幾個月後一次不小心尿濕，孩子從此不肯再脫下尿布，一直到三歲半，似乎得了「戒尿布焦慮症」，一脫下尿布就開始恐慌，媽媽好言相勸、分享繪本故事，甚至買了兩打的小褲褲讓孩子知道尿濕沒關係都沒用，超過兩小時不包尿布，就會焦慮得大叫大鬧，讓他們傷透腦筋。

給了爸媽幾個建議，發現他們試過都沒用後，我漸漸看到問題的核心，所以請他們就讓孩子尿濕吧！**讓他大叫、讓他焦慮，然後去體驗所有的恐懼其實都是孩子自己想像出來的**，其他就別再多說，因為大人說太多「尿濕沒有關係」，都只是在暗示孩子「尿濕是件很重大的事情」我們很擔心，這個擔心不是擔心「尿濕」，而已經變成是在擔心孩子的「擔心」，因此當好說、歹說都沒用時，就請別再說了吧！

10

你敢哭試試看！

「我想哭」、「我覺得難過」不是孩子可以控制的；「我生氣」、「我想大叫」是因為孩子真的受不了了，這些自然、直覺的反應，如果真的被壓抑下去，總有一天會自己找到出口。

「是你先用姊姊的，你敢哭試試看！」在捷運上不經意聽到一個穿著熱褲的年輕媽媽，邊滑手機玩手遊，邊說出這句話，我忍不住偷瞄那對姊弟，弟弟約莫是幼兒園、姊姊大概是低年級年紀，接著就聽到挨在姊姊身邊的弟弟哽咽抽搐的哭聲，感覺得到他很用力壓抑著，不敢放聲哭出來，沒多久哽咽聲慢慢消失在車廂中。

是什麼樣的心情，讓媽媽說出這樣的話呢？怕孩子在捷運上哭鬧丟臉？是慣犯的弟弟又踩到媽媽的地雷？還是覺得哭鬧是不好的事，所以不由分說的壓抑下來？我當然可以理解媽媽怕干擾到捷運上的其他乘客，也知道這樣的對話並不罕見，但為什麼聽起來就是不太舒服呢？

安靜下來的弟弟眼睛無神的看著窗外，媽媽電動打完了，突然抬起頭來叫弟弟去另一邊站著，理個小平頭，有著慧黠大眼睛的小男孩，溫順的走了過去，不敢有任何抵抗，弟弟的順服讓我有些訝異，這個年紀的孩子明明什麼都沒再做了，卻無緣無故的被叫去站在另一邊，正常來說難免會有嘟嘴、低頭嚷嚷的反應，但這個孩子卻是立即完成媽媽的命令，沒有絲毫的猶豫，這麼完全的收起情緒，反而讓我有些心疼。

情緒沒有對錯

這孩子長大後會變成什麼樣子呢？我不禁在心裡揣測著，會變成一個很懂「上有政策、下有對策」的大人，還是一個只會壓抑孩子情緒，覺得孩子乖乖不吵就好的爸爸呢？而這樣的大人、這樣的爸爸，在我們身邊其實不算少見。

我很怕聽到大人對孩子說：「哭什麼，這有什麼好哭的！」或是「你敢再哭，我就○○……」之類的話語，因為這些話語發洩了大人的情緒、宣示了大人的權威，卻忽略了情緒從來就沒有對錯的道理。

「我想哭」、「我覺得難過」不是孩子可以控制的；「我生氣」、「我想大叫」是因為孩子真的受不了了，這些自然、直覺的反應，如果真的被壓抑下去，總有一天會自己找到出口，甚至偷偷溜出來做怪，只是因為壓抑太久，連我們都不知道它是在何時種下的因，而難以處理它造成的果。

「你可以難過掉淚，就算你是男生，你也有哭的權利」、「你生氣想要大叫，但這裡是公共場所，走，媽媽帶你到外面！」如果孩子還小，甚至可以把他直接抱出餐廳處理，但隨著孩子年紀漸增，我們也該示範或引導孩子如何處理、消化負面的情緒，而不是用大吼大叫的發洩，不顧他人的權益，畢竟**要讓孩子能真正的快樂，得要先讓他學習如何面對不快樂**，因為這世界上讓我們不快樂的事，可是多的不得了啊。

接受孩子的情緒，絕不等於認同他的行為，「我可以接受你現在很生氣，但我不能容許你打姊姊的行為！」請記得情緒和行為必要分開處理，當孩子失控時，大人必須積極的處理，比如把他帶到比較空曠的場地，讓他慢慢冷靜下來，並注意他的安全，但絕不能默默認同他影響他人的舉動，讓他發洩情緒，不代表他可以為所欲為的干擾別人，這是基本的社會禮儀，爸媽們必須嚴格把關。

正確處理孩子的情緒

不過我還是要說一句，如果大人的敏感度夠，在第一時間處理得當，通常孩子也不會那麼失控。會有這樣的結果可以猜到兩個方向，一個是孩子已經習慣當小霸王了，習慣愛做什麼就做什麼，也知道大人拿他沒轍，而大人也誤以為所謂的尊重孩子就是放縱他，或是消極的讓他把情緒發洩完就好了，這當然是不對的。

另一種狀況可能是在孩子情緒發生的當下，大人用錯了方法，以致於孩子的情緒被高高的激起，比如沒有理解孩子行為的前因，就做了嚴厲的處罰，當然就會激起孩子更大的反彈，甚至沒辦法顧及當下是在公共場合，如果是這樣的情況，還是會建議帶孩子離開現場，安撫情緒後重新對話，所謂的溝通其實就是「還你清白」的過程，只要處理得當，我相信孩子的情緒就會慢慢的和緩下來。

「**陳述事實、接受情緒、提供方法**」這三個步驟是處理孩子情緒時，可以使用的準則。因為以生理上來說，處理情緒的前額葉大約要到十八歲以後才會成熟，大人穩定的前額葉是最能幫助孩子發展自己前額葉的良師，當掌管情緒的杏仁核又在警鈴大作時，大人如果是用恐嚇、威脅的方式處理，只是把情緒更深層的壓進海馬迴，這絕對是不健康的做法，而孩子可能得要等到長大後，透過覺察才能慢慢的修復。

我們家也有一對調皮又常常挑戰大人的雙胞胎兄弟，我也會生氣、也會罵小孩，但不會否定他們的情緒。在他們成長的過程中，我認為自己最重要的功課是努力穩定好自己，然後讓他們知道對於不喜歡的事，他們可以怎麼表達，清楚畫出我對他們行為的界線，請他們用我們都可以接受的方式表達負面的情緒，很不簡單，我也還在學習和努力，但這些學習不只是為了孩子，更是為了更好的自己。

出了捷運站，感覺自己好像看到了一小段的人生縮影，教養原本就不容易，我們自己也背負著許多原生家庭，甚至是社會文化灌輸我們的觀念，小時候聽到大人威脅、壓抑我們的情緒，一開始也是說不出的不舒服，但日子久了就慢慢習慣、接受這樣的對話，然後衍生出自己的一套生存法則，這是很自然的機制反應，沒有所謂的對錯，只是**你成為什麼樣的人也許已成定局，但是不是該想想，你希望你的孩子成為什麼樣的人，甚至什麼樣的父母呢？**

願這些覺察，能夠帶給我們的下一代更成熟的態度與不一樣的人生，當然也有可能，改變就是從現在開始。

11
別怕孩子「失望」、「被拒絕」

孩子的世界就應該永遠快樂嗎？父母應該為孩子爭取到什麼程度、保護到什麼界線、要求外界配合到什麼地步，才合理呢？這些問題是很多父母一輩子的功課。

記得有次帶參觀，一個用心的媽媽帶著三歲的小男生一起來玩，過程中媽媽不斷和我討論很多教養上的難題，一直到參觀快結束時，有郵差送來包裹需要收費，所以我和媽媽道別，處理好郵件後正準備回辦公室工作時，媽媽卻叫住我，委婉但堅持的說：「園長，剛才我兒子哭了，因為他以為你會陪他丟球，可不可以請你陪他玩一下球再走？」

我愣住了，今天如果是媽媽自己還想聊，但看到別人在忙，大概會不好意思再要求，但今天提出要求的是孩子，有多少媽媽可以同理孩子的心情，但明確的告訴他：「園長要到辦公室去工作了，媽媽陪你丟球，或是我們下次再來約園長玩球，好嗎？」然後平穩的接住孩子隨之而來的情緒，比如哭鬧、大發雷霆、失望委屈的掉淚……呢？

教孩子面對不如意

為什麼對媽媽來說，面對孩子失望總比面對自己失望還要難這麼多？我們真的不能讓孩子失望嗎？孩子的世界就應該永遠快樂嗎？父母應該為孩子爭取到什麼程度、保護到什麼界線、要求外界配合到什麼地步，才合理呢？這些問題可能是很多父母一輩子的功課，就連長大後交男女朋友，甚至論及婚嫁，都不見得有共識，但緊握的手真的可以得到比較多嗎？孩子又能綁在身邊，為他擔心到什麼時候呢？

回過神後，我還是笑笑的停下腳步，告訴小男生我陪他丟一球，他自己丟一球，然後我就得回去工作囉！丟完球後看到媽媽放心的笑容，心裡真是五味雜陳，這個世界不快樂的事這麼多，我似乎看到媽媽努力展開羽翼，想讓孩子在她的翅膀下無憂無慮的成長，但孩子總有翅膀硬了要飛出去的一天，**當他發現這個世界竟然不如他想像的完美時，不知道該如何面對呢？**

在幼兒園中孩子們最期待的就是戶外教學，但總有天不從人願的時候，例如大家期待已久，出發當天卻下起了大雨，孩子們的失望是不言可喻的，記得有一次聽到孩子們因為天候不佳被迫取消戶外教學而哀鴻遍野時，老師靈機一動，宣布今天來辦個盛大的同樂會，大家把原本要帶去野餐的點心都拿出來，一起玩遊戲、互相欣賞表演，孩子們後來玩得不亦樂乎。老師藉由一次失望的機會，教導孩子遇到不如意的事時，我們還能自己創造另一個美好！

過度保護與過度讚美的副作用

我曾參加過一場「文化與幼兒教育」國際研討會，會中邀請了美國伊利諾州大學、日本西南大學及韓國啟明大學的教授，主題是幼兒的課程設計與幼教老師的師資培訓，Dr. Walsh 回答來賓問題時，提到「自戀」與「自尊」的問題。

他表示美國在大約二十五年前開始大力推廣要維護孩子的自尊，永遠給孩子讚美，告訴孩子他是最特別的，結果卻造成目前上了大學的這批孩子過度自戀；他們所謂的「自尊」其實**不是**奠基於真正的成就與付出，而是一種過度的自我迷戀，根源於從小父母過度的稱讚與獎勵，讓他們難以接受現實與他人的拒絕。

這也再次提醒我，使用讚美和鼓勵時必須謹慎拿捏。蒙特梭利博士其實對於獎懲制有非常獨到的看法，她認為當孩子真正進入到工作的狀態時，外在的獎懲都是不必要的累贅。相信大家都已經很了解懲罰對孩子的影響和傷害，但獎勵其實也要小心，尤其是**空泛的獎勵，如「你好棒啊！」「好乖唷！」等沒有清楚點明孩子好在哪裡，只會讓孩子感到迷惘，更可能使他們陷入「自戀」的情結**。

Dr. Walsh 教授還開玩笑的對一位發言的來賓說：「你的答案是錯的！」然後解釋：「這種說法是不會被接受的，當孩子們發言時，我們要說：『哇！真是個好的嘗試，不過可以再想想看唷，有沒有其他人有更好的想法呢？』」而這種不能直接否定孩子，每次都要婉轉又正向的表達方式，是否也會造成我們的孩子挫折容忍度低與過度自我膨脹呢？

成人給予孩子的獎勵，其實**無法取代**孩子自己努力得來的滿足感，我們該給予孩子的是「肯定」，如「哇！我看到你自己把玩具都收好了耶！」「真沒想到你今天不用我提醒，就可以自己去刷牙睡覺，這樣讓媽媽好輕鬆唷！」而不是一味的稱讚，**真實的描述事件與感受，遠比華而不實的讚美更能打動孩子**，也不會造成孩子為了得到成人的讚美或獎勵，刻意去討好大人、做出大人喜歡的事。

有了美國專家們的分享與借鏡，我們真的要好好思索我們到底是尊重孩子，還是養出一個沒有挫折容忍度且過度自戀的孩子，幫助孩子認清事實、接受失望，遠比保護他們，讓他們的心靈完全不受傷來得重要太多了，要相信孩子絕對有復原的能力，而我們就是他們最好的陪伴者。

12

你給孩子的選擇，是「威脅」還是「尊重」？

不要在兩個選擇中，設計一個要用來懲罰或恐嚇小孩選擇，孩子不但懂，更會感受到不被尊重，但也絕不可以輕易讓他過關。

有一陣子學校的教師團隊輪流導讀羅寶鴻老師的《蒙特梭利專業親授！教孩子學規矩一點也不難》，關於正確的教養方式，羅老師的SOP流程清楚，讓大人在處理孩子偏差行為時有所依循，包括同理但不處理、兩個選擇、經驗選擇的後果等等，有老師導讀時分享了一個例子頗值得玩味，相信也是現代家長們在處理語言發展極快、堅持度卻又超高的孩子們常遇到的狀況。

老師提到有一天放學時，小美堅持不肯脫下教室用的室內鞋，想穿回家，爸爸好說歹說都沒用，眼看全校都要走光了，小美還是不為所動，這時老師只好出手協助。

蒙特梭利的理論強調有紀律的自由，也願意給孩子選擇的權利，因此老師非常熟練的提供了選項，老師說：「小美，你現在可以有兩個選擇，一個是不換室內鞋，然後明天你來學校就沒有室內鞋可以穿，一整天都要光腳丫喔；另一個是你現在把室內鞋換好，這樣明天你一來就會看到室內鞋，也有鞋穿囉！」

大人當然希望小美選後者，但小美完全不領情，她是那種會用不痛不癢、毫不在乎的態度來抗爭的小孩，最後爸爸和老師只好讓小美把室內鞋穿回家，隔天也真的讓她光腳丫上課，但她卻沒有任何難過或不安，反而是從容開心的過了一天，最後大人們把室內鞋還她，納悶著明明就已經遵守了蒙特梭利的理念去執行，怎麼感覺對孩子一點效果都沒有呢？

謹慎思考要給孩子什麼選擇

我跟老師分享，如果是我，除了把室內鞋換好這個大人期望的選項之外，我會告訴小美：「你堅持要把室內鞋穿回家也可以，但你回家後必須自己把鞋底刷乾淨、晾乾後，明天再拿來學校穿。」為什麼要這樣開條件呢？**因為我的目的不是在逼著孩子選大人期望的選項，而是要讓孩子練習為自己的選擇負責**。

蒙特梭利曾說過：成人如果是用霸道的態度在控制、壓抑孩子，無法幫助孩子建立紀律。如果我們只是在強迫孩子做出所謂「正確」的選擇，就會像蒙特梭利說的，不但沒有教出一個有紀律的人，而是教出一個失去個性的人，其實這個世代有很多家長都已經對此有所覺醒並警惕著自己；但問題來了，為什麼我們的孩子反而愈來愈沒有規矩、目無尊長、沒大沒小呢？那是因為我們並沒有**堅持**讓孩子為自己的行為負責。

我在開條件時會先**留意這個孩子的能力到哪裡**，如果故意開一個孩子根本做不到或完全無感的條件，結果就只會有兩種，一種是我們認輸，如同前面的例子，大人最後不得不拿出室內鞋，感覺像是開了自己一個大玩笑；另一種是孩子被強迫屈服，然後我們可能養出一個危險的「乖」小孩。

所以通常我會在他們的意願之後加開條件，他們必須為自己的選擇做出努力、承擔後果，我希望釋放出的訊息是：「我願意尊重你的決定，但你也不可以影響到他人。」如果室內鞋變髒了，孩子應該負責刷乾淨，而非讓爸媽幫忙清理，如果孩子同意做到，我就無話可說，而且切記，如果她真的負起責任，把鞋子刷乾淨了，就請**不要再碎念**「你看吧，多麻煩啊？你聽話不就好了嗎？」這樣只會讓孩子覺得煩躁，下次更不想去承擔責任。

也許你會問：「那如果她真的負責了，下次又盧說要穿室內鞋回家，怎麼辦？」那就比照處理啊，她願意承擔責任，沒有把後果轉嫁給大人，也不嫌辛苦，那爸媽還有什麼好挑剔、擔心的呢？

讓孩子心服口服

不過，當你覺得孩子某種行為是不可以的時候，有沒有仔細想過到底為什麼不可以呢？**你的條件、管束，是要幫助孩子設立界線，還是只是展現自己的價值觀？**如果沒有好好停下來思考覺察，很可能只是為了反對而反對，甚至是因為你從小被這樣教，所以脫口而出，如果是這樣，的確很容易在為孩子設定選擇時出現盲點，沒辦法讓孩子心服口服的選擇，並接受自己選的後果。

切記不要在兩個選擇中，設計一個是要用來懲罰或恐嚇小孩選擇，孩子不但懂，更會感受到不被尊重，但也不可以輕易讓他過關。這幾年在教學現場看到太多這些被爸媽輕易放過的孩子，在團體中恣意妄為，以為自己可以為所有的事情做主。

兩個選擇說來簡單，其中卻包含了你對孩子的了解、你開的條件是否有真的讓他信服，還有最重要的，你是否能辛苦的陪伴他、緊盯他履行承諾，只要一個環節鬆動了，孩子就會離紀律愈來愈遠。

我在現場常常發現，那些無理取鬧的孩子，若是你開出的條件能讓他感受到真正的選擇，而非帶有強烈暗示，孩子的情緒就會慢慢下來，開始願意傾聽與試著去了解你的建議，有時甚至想想過後就選擇了那個「正確」的選擇了呢！

13

關於禮物，你應該想得更多

如果你們家玩具原本就滿坑滿谷，聖誕老公公送的那份禮物，充其量也不過是錦上添花罷了，孩子高興個幾天就又丟在某個角落，那還不如不送。

十二月是節慶的月份，之前服務的學校每年到了此時，都會精心為孩子們挑選一份聖誕禮物，選禮物的原則不外乎是**不選聲光刺激型的**（因為會破壞孩子的感官能力），還有**盡量挑選耐玩的，如益智類玩具**，希望孩子們能在重複使用中懂得知足與惜福的道理，但一年比一年更感受到，這麼做似乎還是擋不住孩子無盡的欲望，與喜新厭舊的速度。

在和很多家長對話的過程中，慢慢發現「買東西給孩子」有時不見得是孩子吵著要，反而是因為大人們在「給」的過程中，覺得自己給得起，尤其如果小時候曾經要不到，更容易藉由「給」去彌補當年的那個小小我，而忽略了可能對孩子造成的不良影響。

其中最可怕的影響，就是孩子非常容易用物質來衡量「愛」，開始看不到父母對他的了解、支持，才是成長中最大的養分，甚至長大後在和另一半的相處上，需要對方大量的物質滿足，甚至為此委身於不適當的對象。

是愛？還是寵溺？

其實，不是不能給孩子買玩具，但要隨時配合孩子的氣質，檢視自己是不是給太多，這裡提供三個原則給爸媽讀者參考：第一，有沒有給太多、給太快，是不是孩子一吵鬧爸媽就投降，而不是訓練孩子延宕滿足？第二，有沒有要求孩子的行為，還是總給孩子大量的自由，比如放任孩子在公共場合大吵大鬧而不制止？第三，你的給予有沒有造成孩子太自我，什麼都只想到自己，不考慮別人的感受？

有四分之一比例的孩子，天生氣質就是習慣用哭鬧的方式表達情緒和想要，家長們如果因此就範，就只好等著被孩子牽著鼻子走。孩子哭鬧時，我們可以做的是在他哭鬧的當下，幫助他把真實的情緒說出來，並協助他轉移情緒，淡化或不理會他爆出的不理性語彙，例如「你是笨蛋」、「白痴」等等。

要父母按下自己的不忍，真是不容易的挑戰，看到孩子撒嬌的可愛模樣、拿到禮物時的雀躍神情、或是要不到時的失望沮喪，甚至氣憤狂怒，孩子的種種反應無不牽動著我們的心情，但愛和寵溺真的只是一線之隔，孩子不應該是生來討債的，而是我們做父母最大的修練，在孩子的身上我們將看到許多自己隱藏起來但卻得努力克服的罣礙。

我們家每年也有聖誕老公公為孩子帶來驚喜，因為我很少為孩子添購玩具，頂多就是生日禮物，到孩子大一點之後連生日禮物都免了，只以媽媽手寫的卡片和蛋糕來慶賀孩子的成長。這個年代的孩子不虞匱乏，因此我們刻意讓孩子習慣樸實簡單的生活，而不要養成他們喜新厭舊的習性。

也因此愛閱讀的兒子們，小學階段房間中就充滿了從書裡學會自製的玩具，低年級瘋狂迷戀三國演義時，時常看到他們用廢棄的紙箱、膠帶做出像人一般高的弓，還配上真的可以發射出去的箭、各有名堂的寶劍、寶刀，更不用說滿抽屜小船，隨時可以真槍實彈上演一齣「草船借箭」的戲碼，因為**給予的資源有限，我反而能看到他們發揮創造力**，自己做出獨一無二的玩具。

送孩子禮物，你的目的是什麼？

每次在聖誕老公公的禮物旁，我總會留下一張用左手寫的小卡片（因為小學時，兒子們已經會認媽媽的字），早年我也不免俗的在卡片中寫下：「要乖乖聽爸媽的話，才是好孩子，聖誕老公公明年才會再送你禮物喔！」寫了幾年後愈來愈覺得不對勁，乖才有禮物，不乖就沒有禮物，好像哪裡怪怪的。

後來上了父母成長課程，也研讀了不少心理學理論和教養書，才發現我把人和事混在一起處理了。當孩子把自己的表現和禮物畫上等號時，他會不會只在聖誕老公公快來的日子，才努力壓抑自己變乖、聽話呢？那我們豈不養出了一個被外控的小孩，為了討外在的肯定而改變，並不是真正打從內心的願意成長，這是我們送孩子禮物的目的嗎？

聖誕老公公不應該是我們控制孩子的工具，尤其你們家如果原本就有著滿坑滿谷的玩具，聖誕老公公的禮物，充其量不過是錦上添花罷了，孩子高興個幾天就又丟在角落，間接養成了不懂得知足惜福的習慣，那還不如不送。

如果真的很喜歡看到孩子收到禮物的雀躍，也請你務必節制的使用，我當然了解那種「給得起」的滿足感，沒有一對爸媽不喜歡看到孩子的笑容，重點是這個笑容的背後有沒有什麼後遺症，才是身為大人的我們該仔細評估與琢磨的。不諱言，我自己也好喜歡看到孩子起床後看到禮物時，充滿驚喜與不可思議的表情，但我更希望聖誕老公公為孩子帶來的訊息是：「不論如何，聖誕老公公都愛你。」

當孩子真的不乖、調皮的時候，請讓聖誕老公公退出戰場，做父母的我們，應該自己努力去理解孩子不當行為背後的原因，並予以改善調整，我想不論是聖誕老公公或是警察、老闆、醫生，都不願意捲入親子之間的衝突，或是被迫扮黑臉恐嚇孩子。

如果你還是很想看到孩子聖誕節早上睡眼惺忪的笑容，我相信禮物不是重點，你可以寫一張卡片：

親愛的小寶貝，我又來看你了，我知道今年你有很努力的不賴床，早點上床睡覺，雖然偶爾聖誕老公公還是會聽到爸媽對你的提醒，甚至生氣，但我相信你會繼續努力讓爸媽少為你操心，甚至開始學習幫助爸媽照顧家裡和弟妹，我明年還會來看你。

永遠愛你的聖誕老公公　留

我相信只要能覺察到自己真實的內在需要並坦然面對，用對的方法處理親子互動，不讓自己的過去影響孩子的未來，孩子更會成就我們生命的完美。

14

教養不該是阿公阿嬤的責任

生了孩子卻不願意改變自己的生活，不可能成為好爸媽，更不可能真正享受到孩子一點一滴成長的喜悅，沒有別的人生經驗可以取代陪伴兒女成長。

一個四歲半的小男生，上中班近一個學期了，狀況一直起伏很大，這兩個星期不小心大便在褲子上三次，老師語重心長的告訴我：「看到他那不在乎、無所謂的神情，真的讓我很無力！」

之前幾次老師只有苦口婆心的教導他，沒有任何的處罰與埋怨，事後打電話和媽媽報告來龍去脈，不出我們所料，孩子都由長輩在照顧，因為長輩怕麻煩，晚上睡覺還是包著尿布，而原本我們和媽媽溝通好不要再餵飯，媽媽表示也破功了，最後還說：「老師，阿公來接小孩時，拜託你們跟他說不要再餵飯了。」老師真的很傻眼。

我之前任職的學校位於文教區，不只是爸媽們社經背景不錯，為數不少的阿公、阿嬤更是深藏不露的教育前輩，有小學退休的校長老師、有在大學任教的教授，私底下向他們請益，都能得到很多的收穫。

但回到現實生活中，他們都只是疼愛孫子的長輩，也許是出於關愛兒孫的天性，也許是看兒子女兒忙不過來、也許是為退休生活找寄託，當阿公阿嬤變成了孩子的主要照顧者時，往往造成教養上的種種狀況，長輩們情不自禁的協助、模糊的教養界線，常會成為孩子成長的阻礙，但這真的是長輩的問題嗎？

他們只是疼孫的阿公阿嬤

學校有另一個可愛的小女生，爸媽在南部打拚，平常是由阿嬤全權照顧，每天上學都穿得漂亮乾淨、紮著光潔的辮子，溫和有禮，但遇到吃飯、生活自理時就全部破功，超級挑食、不斷出神發呆，幾乎沒辦法自己吃完一碗飯。老師想試著減量，先增加她的成就感，但當老師和阿嬤溝通，告知孩子可能暫時會出現體重下降的情形，只要她找回吃飯的主權與成就時，狀況一定會好轉時，阿嬤卻表示非常為難，擔心孫女變瘦，不知道該怎麼向她的爸媽交代。

一天，阿嬤打電話給我：「園長，為了要她吃飯我打了她的小手，告訴她再不吃完，阿嬤就再打！」阿嬤講到聲淚俱下，我聽得也好心酸，我告訴阿嬤我知道她很盡力也很為難，但請她不要用打的，不要嚇孩子。然而，我更深切感受到的是，長輩夾在孫子和兒女中間的苦楚，**孩子教不好，真的都是長輩的錯嗎？**

再回來說說那個中班的小男孩，一開始時爸媽告訴我們，阿公阿嬤總是讓他吃飯配電視，眼睛盯著電視，阿嬤叫他張嘴就張嘴，一口接一口，吃完一碗飯阿嬤就安心了。我們回想看看長輩們成長的年代，不難了解長輩們怕孫子餓到的心情，而今生活條件不同了，要求長輩配合現今的教養生態，說實話是在為難他們。當我們自己都還得學習如何跟上時代的腳步教養孩子時，如何能要求長輩也該做到呢？

讓長輩含飴弄孫、享受生活

孩子不是阿公阿嬤生的，他們付出半輩子的努力，拉拔自己的孩子長大已經夠了。工作再忙、再累，也不該把教養的責任推給自己的爸媽，他們該做的是含飴弄孫，享受退休生活。生了孩子卻不願意改變自己的生活，不可能成為好爸媽，更不可能真正享受到孩子一點一滴成長的喜悅，就算會挫折、就算總是蠟燭兩頭燒，也沒有別的人生經驗可以取代陪伴兒女成長，更要相信唯有真正成為爸媽的人，才能學會如何去對另一個人負起完全的責任，並付出最深、最無私的愛與關懷。

如果長輩總是急著攬在身上做，請試著做個漂亮的中間人吧，盡可能報喜不報憂，不讓長輩擔憂也是我們的責任，長輩要是知道我們做得很好，相信他們就能放心、放手。如果長輩還是忍不住過度干預教養，造成爸媽很大的困擾，請努力畫出界線，必要時犧牲工作，早點下班自己陪孩子，或選擇現階段可以兼顧家庭和現實的工作，畢竟**改變我們自己，比改變長輩容易多了**。

如果真的無法犧牲工作，真的需要長輩幫忙，就要有妥協的心理準備，交出部分的教養權，要長輩幫忙又要長輩完全採用我們的方法，難度實在很高，只能說「不得我命，得之我幸」！

這裡也想提醒各位讀者，爸媽都忙碌的雙薪家庭，若有阿公阿嬤幫忙接送孩子、張羅伙食、照顧大家的生活起居，或只是偶爾換手，給小家庭喘息的空間，都值得我們心存感激，因為這些從不是他們應該做的事，別再因為他們做的不好而埋怨、挑剔，不論是自己的父母還是另一半的父母，他們該擁有的是自己的生活與含飴弄孫的快樂，孫子的教養就請放他們一馬吧！

生命中永遠的缺口

我相信，很多小家庭礙於現實，工作正在打拚、面臨重要的轉捩點，做爸媽的身不由己，只好把幼小的孩子託付給遠方的長輩或保母，過著假日父母的生活，這沒有對錯，更不是外人可以置喙的，孩子出生在不同的家庭，的確也只能接受不同的安排。

只是孩子不在身邊的日子裡，爸媽能否盡力和孩子建立關係，並理解「關係的基礎是愛」，孩子能否感受到爸媽的愛與掛念；至少接孩子回家一起生活之後，爸媽能否穩穩的接住孩子的情緒，真正的聆聽、陪伴、感同身受，讓孩子放心表達出對前照顧者的種種思念，都是重要的關鍵。

曾有剛入學幾天，看似適應良好的小女生，在教室內哭著：「我要回阿嬤家，我的媽媽不像我的媽媽！」經過了解才知道，孩子一出生就放在阿嬤家，到了要上學才接回來，一年見到爸媽的次數，一隻手就可以數完。要上台北前，阿嬤告訴她：「你長大了，要去台北上學了，要乖、要聽爸媽的話。」孩子聰明伶俐、口語表達非常清楚，很會隱藏自己的情感，希望符合大人期待，但是一轉眼的時間，環境變了、身邊的人也變了，在學校撐了好幾天終於忍不住。看到她用小手猛擦眼淚，抽噎著說出自己「想要變小孩」、「不想長大」、「想回阿嬤家」的心聲，讓在場的老師都很心酸。

我們見過太多從小依附的對象不是媽媽，而是外婆、奶奶、姑姑或其他長輩的孩子，這些長輩絕對一樣可以給孫子孫女滿滿的愛和難以忘懷的童年，並建立孩子良好的習慣與品格。然而有朝一日孩子回到爸媽身邊時，能否一樣自在的和爸媽生活、談心，還是總默默在心底留了一個不可侵犯的位置，給這些當初義無反顧愛著他們的長輩？這可能是做爸媽的永遠不會知道，也無法取代的。

你虧欠孩子，孩子一定會跟你要回來

爸媽如何排序孩子在你生命中的重要性，日後孩子也會同樣的還給你。沒有人有資格論定好壞，這反應出每個家庭不同的價值觀，但做出這種選擇的爸媽們，也必須尊重當年的決定所產生的結果，而非總責怪孩子跟你不夠親，有心事沒有找你說，日後不見得願意照顧你，甚至你將永遠無法認同孩子成家、立業、生子時所做的所有選擇。

把孩子送到保母家、長輩家二十四小時照顧是一種選擇，在我們看來，可惜的是這些爸媽永遠都不會知道，自己錯過了多少與孩子相處的點滴，而在孩子成長的記憶中，也將會有一段空白，註記著爸媽的缺席，而且永遠無法彌補。身為教育工作者，我們只能善盡提醒的職責，讓爸媽知道，你虧欠孩子的，他都會跟你要回來，所以請務必趁孩子的成長階段，盡可能地多陪伴他。

15
別用3C餵養你的孩子！

長期依賴3C、電視的家庭，如果關掉3C、電視，不只用餐、甚至連親子相處的時間，都會像是全家一起被關進煉獄，大人發飆、小孩哭鬧，無一不飽受煎熬。

朋友在網路上問：「請問各位都有給小朋友看巧虎嗎？若有，請問都幾歲開始給看呢？如果沒有，又是基於什麼考量呢？」底下網友紛紛分享經驗，有些人覺得大人自己有看，不給小孩看怪怪的；有些人怕孩子和同學沒有共同的話題。討論之熱烈、理由之五花八門，讓我回想起有次帶參觀時，甚至聽到一位阿嬤說：「看電視的小孩比較聰明！」

種種的電視迷思，讓我忍不住想提醒所有家長，看卡通除了可以讓大人偷個懶、

喘口氣之外，實在是一點益處都沒有！請原諒我的坦白，我在學校看到太多電視後遺症的可怕例子，比如蒙氏工作時定不下心、看書時總在發呆，連老師團討時都在神遊中度過，要是我們問家長「在家中看多少電視？」通常會發現這類孩子，放學後就是坐在電視機前直到上床睡覺。

有限制的接觸電視

通常我們會建議兩歲以下的孩子，盡可能完全不要接觸電視，三歲以上一天最多半小時優質的節目，四歲以上不要超過一小時。除了我們的現場經驗外，教育部也曾發行過一本《爸媽放輕鬆》手冊，宣導許多教養迷思，其中也探討了「看電視對孩子的學習有幫助嗎？」的問題，手冊中指出：優質電視節目對學習有正面作用，但長期看電視反而會降低思考力、探索力、抑制想像力、創造力、降低專注力、閱讀力、造成性別角色的刻板印象，更會造成生理上腦部發育與活動力的降低、影響視力。

如果真要給孩子看卡通，我會比較建議有選擇過的DVD，如阿四奇妙的小小目擊者（漢聲出版，適合四歲以上），更小的孩子可以選擇艾瑞．卡爾的繪本DVD。巧虎若有大人陪看，勉強合格。記得我的孩子在小學之前，都沒發現家中電視有「幼兒頻道」，當時熱門的海綿寶寶對他們來說，只是睡袋上的一個圖案罷了，在他們的是非判斷能力未成熟之前，我不想替自己找太多麻煩。我也從來不覺得他們沒看海綿寶寶，和同學的互動就有什麼問題。

辭退你家的3C保母吧！

至於3C、網路的使用，已然是我們這個世代所有家庭需要正視的議題。隨便走進一家餐廳，就可以看到那些還坐在高腳餐椅上的學步兒，眼前就放了一台3C裝置，不是在放唱跳影片，就是在播巧虎卡通。小小的幼兒張著大大的眼睛緊盯著螢幕，安靜的接受餵食，爸媽也才能跟朋友聊天、放鬆一下，但這樣的場景傳遞出非常多警訊，更會帶來無數的後遺症。

將鏡頭轉到幼兒園現場，你可以非常輕易的辨識出那些家長用3C、電視餵大的孩子，他們吃飯時總是不斷放空，兩眼無神的握著湯匙，或是左顧右盼的看別人正在做什麼，看到忘記自己該吃飯了，還只能用五指抓握湯匙，一看就知道在家沒有自己進食的習慣，才會連用三支手指拿湯匙的力氣都沒有；吃得滿桌滿地都是飯菜，一點也不讓人意外；長期缺乏吃的動機，導致食不知味，對他們來說吃飯不是為了自己，而是為了滿足大人的需求。

此外，上課時分心嚴重，甚至會經常性的出現自言自語、和不存在的卡通人物對話的情形，明顯活在自己世界中，無法與真實生活連結。這些長期依賴３Ｃ、電視的家庭，如果關掉３Ｃ、電視，不只用餐、甚至連親子相處的時間，都會像是全家一起被關進煉獄，大人發飆、小孩哭鬧，無一不飽受煎熬。

教養真的沒有捷徑，今天你貪圖安靜，用３Ｃ保母讓孩子坐定不動，帶來的後果就是孩子在沒有３Ｃ時，失去了讓自己專心的能力；也因為味覺不斷被視覺干擾，孩子不懂得享受食物的美味與意義，健康也會跟著出問題。

為什麼吃飯時間父母會這麼依賴３Ｃ呢？問題的根源其實來自「大人自身的焦慮與對孩子的不信任」，怕孩子弄亂、弄髒，怕孩子吃太慢、沒吃夠，不相信孩子可以自己進食，更不相信孩子會知道自己吃飽了。我們還遇過阿嬤說：「看電視才比較好餵飯啊！」殊不知孩子在這樣不信任與過度代勞的氛圍中，將慢慢失去所有獨立的能力，更被剝奪了學習的機會。

關掉電視與3C，大腦開機

關於3C，我們到底該怎麼做才好呢？首先如同許多專家所建議的，讓孩子接觸手機、3C的時間**愈晚愈好**。3C實在太便利了，便利到你完全不用擔心孩子現在沒用，長大後會跟不上時代，它絕對是隨時都能輕易上手的傻瓜裝置。

連比爾．蓋茲都嚴禁自己兒女在十四歲前擁有手機，因為他知道孩子還沒有自制力前就沉迷於手機，絕非好事，甚至還會造成許多身心病。然而卻有爸媽以為，小小年紀就讓幼兒擁有自己的電子產品，是一種寵愛，或貪圖耳根清淨而大方給予，真的是大錯特錯。

我也想提醒各位讀者，別讓孩子過度依賴3C，請勤快點，用正向的活動填補他的休閒生活，像是閱讀、足球、游泳、遠足、露營等等，孩子的休閒生活是需要用心經營的，爸媽就算已經工作了一整個星期很想休息，也不能讓孩子週末都宅在家中無所事事，這樣只會將孩子導向3C的宅式生活，等到發現孩子已經上癮時更難處理。

孩子未來成功的關鍵是良好的情緒力、人際力、專注力，而這些都是需要爸媽陪伴著示範，給予他們真實的生活體驗才能培養出來的能力，絕對是電視、3C教不來的，所以請用正向、真實的活動，親自帶領孩子走出房間，用豐富的活動與陪伴來填滿孩子的休閒生活吧！

童話故事的危機

曾有位朋友為了三歲女兒的教養問題打電話給我：「學校老師反應，我女兒在教室中常分心在唱歌或角色扮演，干擾蒙氏工作的專心度與和同儕的互動，建議我減少讓女兒接觸兒童劇或巧虎。」這位用心的媽媽很疑惑的問我：「多帶孩子去接觸文藝表演，或是富教育意義的節目，不是件好事嗎？」

我跟她分享蒙特梭利博士的觀點，在孩子還無法分辨真實與虛幻的世界時（具體來說，大約是五歲以前），其實最好連童話故事都不要接觸，尤其是情節中出現與現實脫節的壞皇后、公主、獵人和誇大的劇情，容易造成孩子的不安，也會讓孩子對實際的生活與虛構的情節產生混淆。

我們在學校裡也曾經遇過一個小女生，因為是獨生女，生活中接觸同齡孩子的機會不多，加上爸媽忙，常讓她看卡通，甚至用故事中的女主角名字來稱呼她，入學後我們發現小女生在學校遇到挫折或是覺得無聊時，會忽然進入她自己虛構的世界中，不停的和她幻想的人物對話。後來請爸媽配合減少她看卡通的時間之後，小女生才慢慢對身邊的同儕有了興趣，開始真實的人際互動。

當然，童話故事還是有其存在的意義與重要性，在華德福系統的教學中就很常透過慎選的童話故事引導孩子認識世界，因此重要的還是父母的敏感度與判斷力，必須依照孩子的發展與認知，給予適合的故事，聲光刺激類的媒材還是能免則免，才不會破壞了孩子的感官知覺，讓故事對孩子產生最大的幫助。

而角色扮演，更是我們大人要小心拿捏去引導孩子的。三歲正是孩子建立自我觀的時候，有時孩子假裝自己是某某公主，大人看來既有趣又可愛，還會忍不住陪她一起玩起角色扮演，適度的陪伴是好的，也是不錯的親子互動，不過別忘了要不時問自己，這是在滿足孩子的需要，還是一種逗弄呢？已經能分辨真實與虛幻的孩子當然無妨，但若孩子還在模糊不清的分辨期，全天式投入的互動，可能就不適合了。

孩子過度沉溺於虛構世界，易導致孩子受挫時，不願意面對事實，學齡前的孩子常見想像的對話，有時是為了逃避責罰，有時則是孩子單純的願望，我們不必用「說謊」來定義孩子的表現，但可以清楚的提醒他所說的和事實不符，只要理性的協助他了解事實，並給予合理的自然後果，不過度威脅或處罰，自然可以引導孩子成為一位負責任的成熟人。

當孩子過度投入角色扮演時，我們可以理性的告訴孩子：「聽起來你好喜歡○○公主，你是很喜歡她的皇冠還是禮服呢？」盡量引導孩子從第三者的角度客觀的討論，不要覺得可愛就用主角的名字稱呼他，讓他不可自拔的陷入角色中，如同蒙特梭利博士所說的：「只有真實的工作與生活經驗，才能引領孩子邁向成熟。」

16

不是會說「對不起」就好

多和孩子聊聊別人的感覺，試著引導他換位思考，而不是用權威的方式去逼著孩子認錯道歉。當孩子學會如何修補自己的錯誤之後，下一步才是引導孩子誠心的說出對不起。

坐在辦公室常常可以聽到許多老師和孩子的對話，某日先是聽到一個孩子的哭聲，老師馬上前來關心，接著又聽到另一個孩子理直氣壯的說：「我已經跟他說對不起啦！」老師立刻反問：「就算你是不小心的，如果別人還是在哭或不舒服，你只說句『對不起』就可以了嗎？」

我想起很多年前在紐約教書時，曾有一個同事在回答園長詢問如何教導孩子同理心時說：「我問打人的小孩，如果別人這樣用力打你的頭，你覺得如何？」這句看似平常的話，沒想到卻隱藏了很多陷阱，園長回饋：「你這是罪惡感式的教育。」

為什麼我們不要給孩子罪惡感？

當孩子是因為你給的罪惡感才停止做某些事時，那不是真正的知道自己錯了，而是怕被罵、被處罰，只是做給大人看的一種反應罷了。罪惡感應該是來自內心的真心抱歉，而不是別人給的。所以當你要求孩子時，他們說出的「對不起」只能說是配合你演出來，滿足的是你的需求，我們要的是這種同理心嗎？當對不起只是一種反應時，被打的人真的能釋懷嗎？

如果被打的小孩說不出來他的感覺，大人可以示範，請他跟著說出來：「你剛才用積木打我的頭，我好痛，好難過！」還可以從旁義正嚴辭的強調：「打人是絕對不被允許的！」

然後請打人的小孩確定被打的人好一些了沒有，看看他需不需要喝杯水，還是揉一揉等，**絕對沒有那種被打的人還在冰敷，打人的小孩已經跑去玩的事，打人的孩子必須全程陪同，以示負責**。事後的處理，遠比一聲對不起重要太多了，只有在事後處理中，了解被打的人的痛，才能在下次出手前有所警惕。

過程中，大人完全不必要求小朋友一定要說「對不起」，如果孩子不是發自內心的想說，真的沒有意義；另一方面，如果孩子對「對不起」沒有真正的了解，只是形式上的跟著說，對孩子的行為也沒有幫助，更何況如果說聲對不起就可以了事，這世界豈不大亂了！

只會以「對不起」了事的孩子，令人擔心

如果我們教出來的孩子沒有同理心，就表示我們的教育是失敗的。當我們的孩子只學會流利的口語表達（辯駁）與良好的學業表現，卻少了真正關懷別人的心時，才是最讓我們擔心的。現在他可能會說：「我只是在玩啊！」「我又沒看到他在那裡～」長大之後可能會變成「我哪知道他會突然站在那裡，我又不是故意要開車撞他的～」「不然你要多少錢，拿去嘛，反正我老子有錢～」隨著孩子年紀漸長，理由只會愈來愈多，狀況也愈來愈令人難以想像。

想培養孩子的同理心，首先請**不要再教或強迫孩子說「對不起」**，當孩子不小心讓

別人受傷時，重點應該是「如何讓受傷的孩子舒服一些？」也許是一個擁抱、也許是一個觸摸、也許是一杯水，絕不是說一句「對不起」別人就一定要原諒你。

多和孩子聊聊別人的感覺，試著引導他換位思考，而不是用權威的方式去逼著孩子認錯道歉；當孩子做到同理的行為時，一定要好好的肯定他一番：「你不小心讓弟弟摔跤了，但會馬上過去扶他起來，關心他有沒有受傷、需不需要幫忙，真好，弟弟一定會感受到你的歉意！」

當孩子學會如何修補自己的錯誤之後，下一步才是引導孩子誠心的說出對不起，這才是我們該教導孩子的道歉之道。

陪著孩子不帶情緒或標準答案的討論，並引導孩子做出正確的選擇，這樣才能讓孩子發展掌管理性思考的「前額葉」，而非老愛用掌管情緒的「杏仁核」去想辦法逃避問題或處罰。

大人也要以身作則，讓孩子看到柔軟的心，比如說開車時讓行人先行、看到需要幫助的人不吝伸出援手、或是孩子年紀大一點有能力時，帶他去做志工，讓孩子了解世界上不同的角落存在著很多需要幫忙的人事物，懂得付出的孩子自然能體會到施比受更有福的喜悅。

我聽到老師繼續引導孩子：「請你去摸摸撞到他的地方，問問看他還會不會痛？有沒有你可以幫忙的地方？」具體的動作或關懷，比一句簡單敷衍的「對不起」來得更有用，也願我們的孩子在幼兒階段就能擁有一顆溫柔的心，這樣未來的世界才會更和諧與和平。

17 是同理還是溺愛？

大人要常常問自己：「我這樣做，是真的有幫助到孩子的情緒與獨立，還是我的軟弱不捨，變成了孩子前進的絆腳石？」

一早又聽到一個孩子嚎啕大哭，她既不是新生也不是小小孩，也早就過了適應期，但是每天狀況不斷，老師已經想了很多方法與她溝通，一起尋求解決的途徑，但似乎都未能奏效，我忍不住起身前去關心孩子到底怎麼了。

雖然小女孩的哭聲停不下來，我還是很努力想讓她知道「她的委屈我懂」，當我一說完「我聽到你哭得好傷心，你好想媽媽是嗎？」哭聲瞬間停了下來，「你好想和媽媽在一起對不對？」她睜著淚汪汪的大眼睛看著我，點了點頭，我試著**用她的語言**，

不帶判斷與建議的，慢慢陳述著她的擔心，小女孩的情緒終於慢慢平靜了下來。

這個孩子屬於規律性高、堅持度高、敏感度高、生理需求也很重的孩子，其實如果處理得當，就能順利轉移她的情緒。最怕遇到堅持度也高，或是非常理性、一定要就事論事的大人，因為孩子的敏感度高，如果一開始走錯了方向，讓她感覺到被否定或是不被接納，她可能就會瞬間爆炸，一發不可收拾。

後來和老師討論完，老師們決定開始練習接納她的情緒，在她有情緒的第一刻，不急著理性的分析，改用完全的包容與認同，即使她在班上同學全神貫注的工作時間放聲大哭，老師也將試著先擁抱她，不急著問原因，也不急著提醒她太大聲會打擾到別人，希望給她更多的空間和時間抒發，讓她的情緒得到充分的認同。

放下一切的同理，想想真是不簡單，人是情緒的個體，難免會被當下的衝突牽動出各種的習慣或情緒，尤其是做父母的，有時上班趕時間或是工作一整天體力消耗殆盡、回家真的很想休息，實在很難再耐著性子，接受孩子不理性的反應。但換個角度想想，**忍住了這一分鐘，努力的包容與同理，就可能換來一個平靜溫馨的親子夜晚，進而幫助孩子培養良好的ＥＱ，並學會面對挫折呢！**

同理與溺愛，只是一線之隔

前不久我在臉書上收到了一則陌生訊息，又是不同方向的思考了。那位媽媽告訴我，四歲孩子比較挑食，在學校常常吃到吐，這天放學接孩子時發現孩子換了衣服，詢問後老師才淡淡的說：「孩子又吐了。」然後就轉身和別的家長說話，當下媽媽心裡很不舒服，因為她和爸爸的想法就是不要太要求孩子。

媽媽在訊息中寫著：「……孩子畢竟是孩子，遇到甜的吃得很開心，遇到不愛的就吐……我們真心覺得要先讓孩子不吐比較重要，雖然知道學校是團體生活，老師希望一視同仁，但我真的不知道該怎麼做才好，園長，請問你有好的建議嗎？PS.忘了說，放假在家裡吃早餐，孩子都吃得很好，也不會吐。」

這位媽媽信中出現很多現代父母的焦慮與盲點，其實有經驗的幼教老師一眼就可以看出問題癥結，就是家中與學校的要求落差太大。當親師之間對孩子的態度和做法不一致時，孩子的行為出現問題是可想而知。其實不只是媽媽不舒服，我相信在沒有達成共識的情況下，老師在面對孩子與媽媽時心裡也是不舒服的，孩子會吐，事出必有因啊，**如果不斷有一方得過且過，孩子知道有靠山，下次遇到不愛吃的食物，怎麼**

會願意嘗試呢？

另一個例子是學校的一對雙胞胎，只有其中一個入選足球校隊，媽媽覺得對另一個孩子很難交代而來找我，我心想這兩個孩子原本就是獨立的個體，一個學習態度較規矩，另一個卻常分心、甚至對老師的提醒置之不理，因此我請媽媽據實以告。

家是孩子最有安全感的地方，如果孩子必須要了解現實世界的殘酷，當然應該從家中開始，我建議媽媽清楚的告訴他：「因為你付出的努力不夠，所以沒有被選上校隊，如果你真的很想入選，就必須有所行動與改變。」而不是用「你有氣喘，身體比較不好，所以學校沒有選你」之類的藉口，讓孩子有台階下，**這就是最好的機會教育時間點，不必過度顧慮孩子的心情，才可能讓孩子有繼續前進的動力與面對的勇氣！**

處理孩子的分離焦慮亦然，每個孩子適應的速度、強度、方法都不一樣，就算是很有經驗的老師也需要先觀察孩子和爸媽的互動後，再慢慢介入接手，或進或退的調整，但隨著師生間的關係漸漸建立，也會希望媽媽幫助孩子拓展不同的經驗與處理的方式，而不是一直固守著舊有的方式解決孩子的問題。有時候我們需要像第一個例子般，無條件同理孩子的情緒，但有時候也需要試著放手，讓老師以不同的角度切入，拉大孩子的彈性，才是幫助孩子面對未來最好的準備。

同理與溺愛常常只是一線之隔，重點是大人要常常問自己：「我這樣做，是真的有幫助到孩子的情緒與獨立，還是我的軟弱不捨，變成了孩子前進的絆腳石？」沒有規矩不能成方圓，當我們尊重、同理孩子的同時，別忘了時時檢視自己，會不會不小心養出了一個隨心所欲、任性而為的孩子。

請做好你該做的事

也許是因為這個世代的孩子都很習慣多工做事，資訊過於紛擾，結果也造成他們經常性的被打斷、干擾，所以耳裡聽到、眼裡看的都是同時在發生的事，後遺症就是手上的事都做不完，更做不好。

因此要提醒家長們，不要養大孩子這樣的習慣，當孩子在家中又分心注意別人（如兄弟姊妹）的事時，請慎重的打斷他，告訴他：「這不關你的事，請做好你該做的事！」讓他的專注力回到自己分內的事上。

雖然我們常說要耐心傾聽孩子，放下手邊的事和孩子好好聊聊，但並不代表他們的插嘴，大人都應該接受。如果是和當下的話題無關，又沒有急迫性，有時甚至是牽涉到爸媽或他人隱私時，請家長要練習不要接受他們無禮與無關的插話或詢問。

如果孩子已經是習慣性的打斷大人的對話，總想著自己的需求要立即被滿足，請告訴他你正在說話，他這樣是沒有禮貌也不尊重人的行為，請他在旁邊等待，千萬不要讓他走掉，而是要刻意讓他在旁邊適度等待，以訓練他的耐心。等到你講完話後，也請記得蹲下來好好的告訴他：「謝謝你這麼有耐心的等待，現在請告訴我剛才你是要跟我說什麼？」這會是很好的正增強、耐心與禮儀的訓練，更是讓這個世代習慣被立即滿足的孩子，學習到等待是必要的。

不過還是要提醒各位，請溫和、不帶情緒的審慎使用「這不關你的事」幾個字，對於比較內向或年紀尚小的孩子，正面引導幫助他分辨問題的輕重緩急即可；對於衝動性較高並屢犯的孩子，可能需要用到比較強的強度，他們才會停下來，要讓他們清楚了解人際的界線何在——別人的事，不需要過度關心，以免造成他人的困擾。

18 讓孩子愛上閱讀

父母能給孩子的知識和時間都很有限，但閱讀可以陪伴孩子一輩子，無論是在他好奇困惑，還是傷心難過時，都能從中獲益良多。

曾經有家長問我，明明花了錢、也花了時間，為什麼她的孩子就是不愛看書？我問她：「你是怎麼陪讀的呢？」那位媽媽說：「就是隨便選一本，然後念完之後再問他剛才我說了什麼啊？這本書的意義是什麼啊？主角說了什麼？……總要確定小孩有沒有聽進去嘛！」

親子共讀最忌諱的就是最後變成了爸媽說教時間，陪讀者只要把握兩大重點原則：選擇適合孩子程度，且孩子有興趣的讀物，以及用享受的心情陪伴孩子來趟書中之旅，保證沒有一個孩子會不喜歡閱讀的。

親子共讀好處多多

記得我家小孩從牙牙學語開始，每晚的故事時間，是不可或缺的睡前儀式，印象中艾瑞·卡爾系列念到媽媽我滾瓜爛熟，真是一點都不誇張，至於他們最愛的《野獸國》，過了十年至今我仍可倒背如流。漸漸的孩子學會認注音，一點一點可以獨立閱讀時，有時我會故意只念前段，對情節發展的好奇，總讓他們充滿閱讀的動力，發現認識國字可以讀得更快之後，更是促使他們認國字的動機。

從小習慣生活中有書，知道能從書中得到許多知識和樂趣，隨著閱讀的速度跟領域變快變廣，家中藏書已無法滿足，他們也懂得自己上圖書館借書。即使如此，兒子們偶爾還是會撒嬌：「媽媽念的最好聽，拜託你念嘛~」陪讀的時光，不只培養孩子閱讀的習慣，也是我們親子互動中重要的默契與回憶。

現在兒子們上了國中，就算課業繁重，也從未停止享受閱讀，他們閱讀的多元性也不斷擴展，從經典的《天使與惡魔》認識了丹·布朗之後，就開始搜尋他所有的推理小說；看完《人類大命運》之後，還加碼找來作者哈拉瑞的其他著作，開始涉獵社會學的脈絡。在我們家要前往杜拜旅遊前，請我幫他們尋找中東、伊斯蘭教相關的書籍，到了當地深入和我們分享他的所見所聞，讓行萬里路更有了實質的意義與價值。

未來的世界，有很多的發展都是現在的我們無法預期的，唯一可以確定的是，孩子如果有主動求知的動力，並懂得享受閱讀的樂趣，他就有能力跟著時代的脈動前進。父母能給孩子的知識和時間都很有限，但閱讀可以陪伴孩子一輩子，無論是在他好奇困惑，還是傷心難過時，他們都能從中獲益良多。

親子共讀四大忌

孩子還小時，繪本絕對是增進孩子字彙、語文能力的好幫手，只是必須要用對引導的方式，以下就提醒大家幾個能讓幼兒愛上閱讀的關鍵：

1. 停止說教：別再用「小故事大道理」的方式「教」孩子喜歡繪本。成人的念讀只是讓書與孩子產生互動，如果連讀故事書都有目的，孩子肯定會逃之夭夭。我們當然可以在故事的最後，和孩子進行開放式的討論，只要父母引導得當，將可增加孩子對話與邏輯思考的能力，因為語言能力絕對和閱讀能力息息相關，但千萬不要固執的硬要塞給孩子標準答案，不但無趣，更會限制了孩子的創造力。

2. 停止贅述或過度表演：作者在繪本中所運用的語言一定有其目的，所有的用詞遣字請盡量尊重原著，孩子若有詞彙不了解，可以從上下文中猜測學會，如果孩子完全無法理解，就表示這本繪本目前還不適合他，請放孩子一馬，過幾個月再試吧！

另外，我們可以用聲音和表情吸引孩子，偶一為之增加親子情趣無妨，但別讓孩子只是喜歡看爸媽表演。要讓孩子愛上閱讀，你必須了解「父母」只是一個媒介，不能越俎代庖，取代了閱讀本身的樂趣，這樣很可能會演變成孩子只願意看爸媽表演才聽故事，還是要記得把孩子帶回到獨立閱讀的目標道路上。

3. 停止強迫輸入：孩子聽到一半就走掉了絕對正常，可能是專注力已過（愈小的孩子專注力愈短），可能是你挑的書太難，或孩子對主題不感興趣，別要求孩子一定要坐著不動，認真聽完你說故事，符合他的需求他自然會留下來，而且絕對會要求你一念再念，別澆熄了他正要開始培養的閱讀樂趣。

年紀較小的孩子，建議爸媽可以盤腿坐下，讓孩子坐在你的腿上，環抱著他一起欣賞繪本，讓孩子感受到你專注的陪伴，有時那種獨一無二的陪伴感，反而是孩子愛上閱讀的最初關鍵。

4. 停止教認字：藉由繪本學會國字，絕對只是附加價值，不要以認字為前提去念繪本，那只會逼走你的孩子。我自己的做法是在念繪本時，用手指跟著文字指讀，這樣做除了讓孩子慢慢感受到我念出的字，和那個文字相對應之外，也讓孩子了解文字的順序，像是從左讀到右、由上而下的概念，對於他們的語言，甚至日後的寫作能力，都會有幫助。

孩子喜歡重複閱讀是非常自然的事，請耐著性子一遍又一遍的陪伴他們，並記得每次都要以享受的心情與態度，如同和朋友一起看電影般的陪伴。最後再提醒大家，選繪本最重要的訣竅就是「自己要喜歡」，當你以分享的心情帶領孩子閱讀時，孩子才會跟著你愛上閱讀。當然也別老盯著電視螢幕、滑著手機，然後要孩子自己去看書。挑幾本你喜歡的讀物，陪著孩子一起閱讀，你的孩子必定能優游於無盡的閱讀天地裡。

私房繪本推薦

常有人請我推薦繪本，這邊就整理我家小孩從小愛不釋手的經典繪本清單，供各位參考。

難易度：☆為一歲以後就可以開始進入。五顆星最難，建議中班以上再閱讀。
必讀度：純屬個人喜好，僅供參考。

• 小金魚逃走了

作者／五味太郎　出版社／信誼
難易度：☆　必讀度：☆☆☆☆

可以說是繪本入門書，身邊有朋友當上父母，我都會送這本書做為禮物，內容淺顯又吸引幼兒，還沒養成閱讀習慣的孩子，都可以從這本書開始認識閱讀的樂趣！

• 野獸國

作者／莫里士桑塔克　出版社／漢聲
難易度：☆☆　必讀度：☆☆☆☆　主題：生氣、幻想力

我們家雙胞胎小時候的最愛！在他們的要求下，反覆念了無數次，兩歲時就可以自發念出每頁的內容。

● 小貓頭鷹

作者／馬丁．韋德爾　出版社／上誼

難易度：☆☆　必讀度：☆☆☆☆　主題：分離焦慮

這是一本討論「分離焦慮」的好書，我在紐約時還有蒐集到精裝版附贈的小貓頭鷹，孩子要去上幼兒園前，或是出現安全依附的問題時，都可以拿來好好分享一下。

● 穿過隧道

作者／安東尼．布朗　出版社／遠流

難易度：☆☆☆　必讀度：☆☆☆　主題：幻想力、手足之情

這本建議三歲之後再閱讀，以免孩子分不清現實與幻想，但主角精采的遭遇相當吸引孩子，可以說是科幻小說的啓蒙書吧。

● 好忙的蜘蛛

作者／艾瑞．卡爾　出版社／上誼

難易度：☆☆　必讀度：☆☆☆☆　主題：詞彙、動物認識

大師艾瑞．卡爾的每一本書，我都很推薦，除了插圖色彩鮮明吸引孩子之外，重複的問句對於兩歲左右的幼兒，是相當需要的媒介。

．好餓的毛毛蟲

作者／艾瑞．卡爾　出版社／上誼

難易度：☆☆　必讀度：☆☆☆☆　主題：詞彙、食物認識

這本是經典中的經典，毛毛蟲每一天吃的食物，讓兩歲的孩子很容易就能朗朗上口。

．好寂寞的螢火蟲

作者／艾瑞．卡爾　出版社／上誼

難易度：☆☆　必讀度：☆☆☆　主題：詞彙、認知

最後點點發光的螢火蟲，對幼兒來說相當具有吸引力。

．好想見到你

作者／五味太郎　出版社／遠流

難易度：☆☆　必讀度：☆☆☆☆　主題：親情

書中出現多種交通工具，是小男生的最愛，文字不多但是感情很夠，很喜歡五味太郎的圖畫，親切可愛。

•逃家小兔

作者／瑪格莉特·懷茲布朗　出版社／信誼

難易度：☆☆☆　必讀度：☆☆☆☆　主題：分離焦慮

這本是我在大學時代就收藏的好書，雖然出版很久了，但溫馨可愛的內容，一下子就能觸動媽媽及幼兒的心。

•愛心樹

作者／謝爾·希爾弗斯坦　出版社／星月書房

難易度：☆☆☆☆　必讀度：☆☆☆☆　主題：分享、犧牲

同樣是我在大學時代就收藏的好書，結局雖然有些難過，孩子也不見得完全能體會，但是還是很愛和孩子分享這本書，可以說是我們家孩子培養同理心的第一本繪本。

•和我玩好嗎？

作者／瑪莉荷愛絲　出版社／遠流

難易度：☆☆☆　必讀度：☆☆☆☆　主題：友誼

很喜歡這本書中靜默的美，很適合在一個悠閒的午後，泡杯好茶，親子共讀的好書。

•高麗菜弟弟

作者／長新太　出版社／台灣麥克

難易度：☆☆☆　必讀度：☆☆☆☆　主題：想像力、幽默感

很可愛好笑的一本書，這本是日本小朋友票選最喜歡的繪本唷！

•阿文的小毯子

作者／凱文．漢克斯　出版社／三之三

難易度：☆☆☆　必讀度：☆☆☆☆　主題：問題解決、焦慮

阿文的焦慮在大家一起努力之下，終於找到解決的方法，文較長但很流暢有趣。

- 菲菲生氣了

作者／茉莉・卡　出版社／三之三
難易度：☆☆　必讀度：☆☆☆☆　主題：情緒處理

這是教導孩子表達生氣的好教材，菲菲最後用大自然、畫畫等來紓解沒有辦法克服的情緒，能讓孩子感受到情緒的被認同，是非常值得收藏的好書。

- 帕拉帕拉山的妖怪

作者／賴馬　出版社／親子天下
難易度：☆☆☆　必讀度：☆☆☆☆　主題：想像力、幽默感

這本比較建議三歲以上的孩子閱讀，一方面有一部分要讀小圖片有些難度，一方面如果引導的不好也怕孩子忽略了真實的結局，產生恐懼感，但還是不失為一本值得推薦的好書。

- 我要來抓你啦！

作者／湯尼羅斯　出版社／格林文化
難易度：☆☆　必讀度：☆☆☆☆　主題：情緒

三歲以後的孩子常常容易有一些莫名的害怕，這本繪本讓孩子們在幽默中學會面對恐懼，甚至一笑置之。

• **Guji Guji**

作者／陳致元　出版社／信誼

難易度：☆☆☆　必讀度：☆☆☆☆　主題：尊重、包容

文較長，但很有深度的一本繪本，很難得是我們台灣人畫的唷！如果我們的孩子也能和文中的鱷魚一樣，懂得用不同的角度愛自己，那就太好了。

• **學思達小學堂繪本（五冊）**

作者／張輝誠　出版社／親子天下

難易度：☆☆☆☆　必讀度：☆☆☆☆☆　主題：情緒管理、手足、同理、尊重

五本繪本帶給孩子五種不同的人生主題，張輝誠老師親自主筆將學思達的理念放入幼兒繪本中，讓大人陪伴孩子閱讀時更有了深度與意義。

Stage 2

孩子入園前，家長應該知道的事

送小小孩上幼兒園，早了怕抵抗力不好容易生病，
晚了又怕孩子輸在起跑點，究竟幾歲上學最適合？
公幼、私幼、蒙特梭利、全美、雙語……哪一種好？該怎麼挑？
各式各樣的學科與才藝，上不上？怎麼上？
鬮鬮園長要告訴焦慮的家長：比起ㄅㄆㄇ、123、ABC，
有更多更重要的能力，你的孩子一定要在學齡前先培養好，
對他往後的學習與人生才會真正有幫助！

19

幾歲上幼兒園最好？

如果環境讓孩子和主要照顧者充滿壓力，或是保母、長輩總忽略孩子真正的需求，就不用考慮年齡的因素，趕緊幫孩子尋找適合的學校吧！

某次帶家長參觀學校，一位很認同我們教學的爸爸忽然問我：「園長，到底幾歲讓孩子上學比較好？」早期的我大概會照本宣科的回答：「當然是三歲！不論是就孩子的發展，或是教育體制，甚至蒙特梭利的理論設計，都是以三歲做為分水嶺。」但經過十多年來與時俱進的觀察與學習，我發現答案並沒有那麼簡單。

我反問這位爸爸，快兩歲的女兒是誰在帶，爸爸告訴我目前是在保母家，我又繼續問：「那保母帶的品質如何？我所謂的『品質』，不是有沒有養得白白胖胖，或無微不至的照顧，我想知道的是她有沒有給孩子發展所需要的幫助？像是每天帶她到戶外活動、訓練她的生活自理能力、給予她真實的生活經驗，而不是字卡教學……，還是保母只單純負責孩子生理與安全上的照顧而已呢？」

我服務的學校多年前還設有幼幼班時，有更多家長會問我這個問題。畢竟才兩歲就要來上學，有長輩會擔心入學後容易生病；也會有親朋好友警告家長，這麼早上學孩子會變「油條」；但相反的也有人是擔心太晚入學，會讓孩子輸在起跑點，所以要早點送來學校學習……，究竟幾歲上學才是最適合的呢？

評估孩子上學與否的關鍵

記得那時有位媽媽不顧家人反對，將孩子送到我們的幼幼班，她說，她實在沒有辦法忍受孩子每天都在家看電視，雖然長輩願意幫忙照顧孩子，但總是不停的餵飯、塞飯、為孩子代勞大小事，當孩子犯錯時更習慣用威脅打罵的方式處理，像是告訴孩子「再去開抽屜手會斷掉喔！」「再跑會被車撞死喔！」動不動就作勢要打孩子屁股，溝通多次未果，媽媽才決定兩歲就送來上學。

這個例子當然是比較極端的，雖然可以想見在這過程中，婆媳間的火藥味一定很濃厚，但爸媽願意把教養的主權拿回來，未嘗不是一件好事。這些年我每次聽到家長抱怨長輩幫忙帶孩子的盲點時，總忍不住問：「爸媽有沒有可能調整工作，好縮短長輩照顧孩子的時間？」如果真的受限於現實的壓力，不得不這樣處理時，在某些教養上只能睜隻眼閉隻眼，就得在事後花更多的氣力與堅持，好讓孩子明白事理。

看到那位參觀的爸爸陷入思考，我又繼續補充：「三歲起孩子會慢慢進入社交的敏感期，您是否發現家中已經漸漸不能滿足她想要交朋友的欲望，她會幻想很多朋友跟她互動，甚至常吵著要大人陪她玩。我們覺得三歲最適合入學的原因，不是要趕緊來學校學認知，而是要增加孩子人際的經驗、擴大她的生活圈；不過如果孩子的主要照顧者已經有幫她安排穩定的社交環境、給予她足夠的大肌肉活動、鍛鍊她的生活自理能力，那我想她就算中班、大班再來上學，也沒問題。」爸爸恍然大悟的點點頭。

《父母的語言》作者丹娜．蘇斯金也指出，孩子不是生來聰明，而是因為大量親子對話才變得聰明。如果孩子是在和諧的育兒環境下成長，她會建議三歲之後才適合上學；但如果環境讓孩子和主要照顧者充滿壓力，或是保母、長輩總忽略孩子真正的需求，就不用考慮年齡的因素，趕緊幫孩子尋找更適合、有豐富語言環境，並能讓他邁向獨立的場所。因為我們與幼兒每天的對話、互動、溝通，看似微不足道，但卻都像一塊塊小拼圖般，會慢慢拼湊出他們不同的未來。

「孩子的童年只有一次」雖然是句老生常談，但是既然生下了孩子，身為父母，的確應該重新排列生活中的比重與優先順序，在孩子進入團體生活前，幫他準備好規律的作息、均衡的飲食和動手做的習慣，這些遠比孩子會背多少唐詩、會認多少英文單字、注音符號來得更重要！而〇到三歲的幼兒，更不應該因為怕他受傷而關在室內接觸3C、電視，真實的生活遠比字卡對孩子的幫助更大，因此幾歲上幼兒園是最好的年紀？我想答案每個家庭都不一樣，爸媽思考評估後應該就會了然於心了。

20

如何挑選適合我家小孩的幼兒園？

市面上的幼兒園百百種，究竟該如何挑選？我整理了家長選擇幼兒園時最常見的疑難雜症，希望幫助各位讀者安心挑選幼兒園，讓孩子快樂上學去！

每年五月，家有幼兒的家長都會開始煩惱，小孩是念公幼，還是私幼好？何況現在還有非營利幼兒園、準公共化幼兒園可以選擇，它們各有什麼優缺點？這一題應該算是考古題，不過隨著每年政府政策的不同，解讀的角度也會不同，所以先和你分享我的觀察。

公幼、私幼比一比

首先來看公立幼兒園。公幼的好處當然就是便宜又大碗，學校場地、飲食餐點都有一定的水準，師資必定是合格教師或教保員，老師和學生比例合法，不用擔心小孩超收。

不過當然也有家長會擔心的問題，像是公幼雖然有許多認真負責的老師，但就像孩子進入公立小學一樣，能夠遇到什麼樣的老師完全靠運氣，加上公幼必須優先招收弱勢生、特殊生等孩子，最後開放給一般孩子抽籤的名額真的就不多了，以台北市來說依舊是僧多粥少的狀態。

而且，寒暑假或課後的安排也是一個問題，現在其實很多公幼都有「課後留園延托」，也有辦理「寒暑假課後留園」，但能不能成功開班，也是要看報名的人數是否達到規定，家長們可以多問多比較，但對於沒有後援的雙薪家庭來說，四點一定要離開學校，的確是件很有挑戰的事情。

再來看看私立幼兒園，相對來說，私立幼兒園風格多元，可以提供家長較多樣化的選擇，親師溝通更加頻繁，課程內容豐富，甚至許多有特色又有口碑的私幼，要孩子一出生就先去排隊，就算少子化也一樣熱門到不行。

最近常聽到的「準公共化」到底是蝦密？

不過這兩年面臨到「準公共化」的議題，意思是政府開始管理私幼的收費、人事安排、薪資結構等營運問題，希望藉此來提供市民更一致的收費，因此，提醒家長們可以在參觀時優先了解該幼兒園是否會加入準公共化的行列，不過在這裡還是有個建議提供你參考。

對私幼來說，雖然政府有提供部分補助，卻難以應付都會區房租、設備、人事費用居高不下的問題，如果私幼加入準公共化，就必須接受政府的完全管理；不加入的話，目前雖然變動不大，但未來家長會不會無法拿到政府的補助款？或是政府又祭出其他的政策，迫使私幼得接受政府的安排？這將是私立幼兒園即將要面臨的一大挑戰，到底私幼會如何應對，家長又該如何抉擇，相信都是不容易的決定。

而加入準公共化的幼兒園原有的課程是否縮水，或是變相多收了額外的才藝等費用，為了生存而在模糊地帶掙扎著，都是有可能發生的狀況，畢竟如果加入了準公共化造成營運成本的壓縮，還得端出一樣的菜色供大家享用，真的是很為難的事情，光是房租、人事就很可能會拖垮一間有特色的幼兒園了，最近甚至還聽說有原本經營不善的私幼，因為加入準公共化，拿到政府的補助復活了，更讓人懷疑這個政策是否真的有其正向的效果。

總結來說，公立和私立幼兒園該如何選擇，我會建議家長主動去了解「老師」這個因子，也就是老師是否適合您的孩子，因為，再好的學校都可能有不適合你孩子的老師，所以你需要多蒐集客觀資料後，再去選擇一所可能最適合你孩子的學校。

選擇幼兒園時的優先順序

至於選擇幼兒園時，你應該關心的是距離？教學方式？還是師生互動比較重要呢？我的建議會是先從住家或公司附近，也就是方便接送的學校開始找起，不需要因為名聲而特別跨區學習，除非你的孩子真的有特殊的需求，只有那所學校可以滿足他才另當別論。

每種幼兒教學法都有它的特色，就像你去吃不同的餐廳，有些判斷是很主觀的，在參觀過後應該就可以大概了解是否和你投緣，不過師生互動的確也是很重要的環節，因為入學之後孩子和你相處的時間，搞不好還沒有和老師相處的久，很多習慣、氣質是會潛移默化到孩子身上的。

如果老師和孩子不對盤，努力溝通過後若無起色，我會建議轉學，不要耽誤到孩子的成長學習，不過家長該做的功課與努力不能少，畢竟再好的學校教育都無法取代家庭教育的。

特殊需求兒如何選擇幼兒園和準備

一般來說，特殊需求兒需要更專業與有經驗的老師帶領，或是願意接受他們的特質並努力學習的老師，因為不只是現場的狀況需要被接納，家長本身也需要被支持與協助。

父母要如何判斷幼兒園是否可滿足特殊兒的學習，相信只要和老師充分的溝通，並觀察之後孩子入學的反應，應該不難看出孩子在這所學校是否有所進步。

入學前家長可以做的準備就是盡可能提供老師你孩子全面性的認識與觀察，如果上學前就已經有去醫院評估過，請務必拿給學校好做準備，不要抱著孩子上學就會自己變好的心態，這樣反而浪費了孩子和老師的時間，老師得辛苦的自己去摸索認識你的孩子。

21 我的小孩適合念蒙特梭利的幼兒園嗎？

因為不是齊頭式的教學，所以沒有學習上優劣的差異性；因為不是填鴨式的指導，所以每個孩子都可以充滿興趣的在教室中忙碌的工作。哪一種孩子不適合蒙氏教學？說真的，我還真沒遇過。

不論是來學校參觀的家長、身旁有孩子的朋友們，或是我的部落格讀者，最常問我的問題之一就是「我的小孩適合念蒙特梭利的幼兒園嗎？」蒙特梭利界的高人實在太多了，我雖然還稱不上專家，不過累積了十幾年現場工作的經驗，還是有些淺見可以和大家分享，希望能幫助正在替寶貝找學校，或是對現在的學校有疑惑的家長們釐清方向。

Q1 到底什麼是蒙特梭利教學？那是一個連鎖機構嗎？

蒙特梭利博士生於一八七〇年，她是義大利第一位女醫師，她整理出一整套非常有系統的「蒙特梭利教學法」（以下簡稱「蒙氏教學」），目前在世界各地運作已超過一百年，全球有超過兩萬所學校採用蒙氏教學，有些國家甚至是從幼兒園、小學、中學延伸至大學。包含微軟創辦人比爾．蓋茲、Google創辦人布林和佩奇、Facebook創辦人馬克．祖克柏在內，許多傑出的名人從小都是接受蒙氏教育長大的。它並不是一個連鎖機構的名稱，採用此種教學法的幼兒園，就可稱為「蒙特梭利幼兒園」。

Q2 這些使用「蒙特梭利教學法」的學校，有什麼認證或標準嗎？

很可惜的，據我所知目前台灣並沒有得過國際認證的蒙特梭利幼兒園，但在師資方面的確有不同的認證，蒙氏教學的兩大主流簡稱「AMI」和「AMS」，一派較嚴謹，一派較彈性，青菜蘿蔔各有所好。有志於蒙氏教學的人可以到世界各地接受約一年的訓練課程，並在參加考試與實習之後拿到國際性的證書。

國內也有幾個機構在培訓蒙氏老師，有的培訓機構課程內容與師資不輸國外，只可惜取得的證書無法在國外使用，但相對學費與受訓的方便性平易近人多了。

Q3 我要怎麼判斷一個學校是「真的」蒙特梭利學校，還是只是「號稱」而已？

這是非常多家長都有的疑問，因為蒙氏教學在環境、教具與師資上，必須投入非常多的精力與經費，所以收費通常會比其他教學法來得高，也因此市面上有很多學校都標榜採用蒙氏教學。

蒙氏教學最重要的是「環境」與「師資」，如果只是在某個角落擺放幾組蒙氏教具，絕對稱不上是蒙特梭利教學。沒有完整的教室規劃（五大區：日常生活、感官、數學、語文、文化，環環相扣，缺一不可！），不可能落實蒙氏的理論與精神，有時看到一些號稱主題兼蒙氏兼角落教學的學校，就會讓我很不舒服，每種教學法都各有優點，但全部混在一起時鐵定變成四不像，任何一種教學法都需要深入的引導規劃，才能激出真正的火花。

師資，更是一個學校的靈魂，除了基本的認證外（不好意思，我個人並不迷信國外的證照，也確實見證過許多只有國內認證的蒙氏老師，在教學的表現上可圈可點），還需要學校的培訓與個人不斷的進修與省思。

蒙氏教學有很多理論與觀點，絕不是三言兩語或一朝一夕就可以領悟的，要成為一位真正的蒙氏老師，拿到證書後，保守估計至少要三年，甚至有些要七年以上才算出師！

Q4 所以我的小孩到底適不適合蒙特梭利幼兒園呢？

前面寫了這麼多Q&A，就是想請各位家長先確定，您找的學校到底是不是真正落實蒙氏教學的學校。

如果是，恭喜您至少走對了方向。至於您的孩子到底適不適合？說真的，我還沒遇過不適合蒙氏教學的孩子，好動的、文靜的、拘謹的、活潑的……，因為蒙氏原本就是依照每個孩子不同的氣質與發展，個別化的去引導、示範、觀察、協助的教學法，只要老師的功力夠，每個孩子都可以在蒙氏教室中找到一片自己的天地。

因為不是齊頭式的教學，所以沒有學習上優劣的差異性；因為不是填鴨式的指導，所以每個孩子都可以充滿興趣的在教室中忙碌的工作。哪一種孩子不適合蒙氏教學？說真的，我想不出來，也沒遇到過。

另外，也有家長問我，特殊需求兒是否適合蒙氏教學，基本上還是要請家長先和醫療單位確認什麼是對孩子最好的安排。如果孩子情況比較特殊或嚴重，就需要留在特教班；如果專業的治療師、醫師認為孩子可以出來融合了，那蒙氏教育當然也可以是一種選擇。畢竟這種教學法尊重孩子的不同，有更大的包容性，可以允許孩子在教室中有不同的學習與進度。不過請務必坦誠地和老師溝通孩子的狀況，才是親師合作能夠成功順利的第一步。

Q5 每個家庭都會很滿意蒙特梭利的幼兒園嗎？

這題的答案很明顯是否定的。沒有不適合蒙氏教學的小孩，但卻會因為家長對孩子的期許不同，而建議選擇不同的教學法。我前面提過，如果發揮得好，每種教學法都是好的教學法，端看每個家長注重的是哪一部分，比如說方案教學的孩子思考靈活、主題教學的孩子具彈性及開放的態度、角落教學的孩子均衡發展且自由、華德福教學法著重孩子靈性的培養……（因為沒有深入鑽研各個教學法，以上只是我個人粗淺的見解，僅供讀者參考）。

而蒙氏教學注重的是孩子的獨立性、自主性、專注力與探索世界的熱情。如同上館子一般，江浙菜、港式飲茶、美式漢堡各有所好者，只要大廚做得美味，就是能讓食客大快朵頤的好料理！

Q6 為什麼蒙特梭利學校要用混齡的方式進行教學？

有參觀過蒙氏學校的人都會覺得教室溫馨如家，也像是一個小型的社會，教室內有三到六歲的孩子共同生活與學習，原因是當我們進到社會，會遇到年紀比我們大的人，也會遇到年紀比我們小的人，混齡的教室最能如實呈現真實的社會生活。孩子們時時刻刻都能練習如何和不同年齡孩子相處，年幼的孩子隨時都有觀察模仿的對象，年長的孩子則能透過教學相長來精進自己。

尤其現在少子化的關係，很多孩子在家中並沒有和兄弟姊妹相處的經驗，又或者在和手足相處時遇上很多衝突，有待學習解決。在混齡的教室中，透過老師的引導與經營，孩子們有練習解決衝突的機會，並且學習照顧弟妹與弱小。比如在戶外教學時，我們會刻意分配每個年長的孩子照顧一個年幼的孩子，一路上由老師從旁觀察與協助，讓我們的孩子從小就具備領導力與同理心。

另外，在混齡的環境中，年幼的孩子能藉著效法哥哥姊姊們而學習，不需要透過同儕之間的競爭與比較來成長，也不用完全倚賴著老師才能學習，更能激發孩子的自發性與獨立性。

Q7 參觀蒙氏學校，對於才兩、三歲的孩子就能穩定安靜的工作感到驚訝，擔心蒙氏教出來的孩子會不會合群性差，只能做自己的事呢？

教室內其實也會設計需要合作的工作，老師有時也會讓成熟度高、穩定性夠的哥哥、姊姊帶著弟妹工作，一方面是訓練年長孩子的領導能力，一方面則是有時哥哥姊姊的帶領，更能引起小小孩的興趣，不過當然不會是需要高度精準度的工作，老師都會在一旁觀察，並隨時提供協助。

所有的教具我們都刻意只準備一份，因為民主社會能流暢的運作需要的是放下自我，孩子當然也要學會分享與等待，這也是群性發展的訓練之一。

另外，除了蒙氏工作時間外，老師也會在一天當中設計團體活動時間，這是一位成熟的蒙氏老師經營教室時，一定會規劃進去的。因此從歷年畢業生的回饋中，我們發現孩子的群性都有不錯的發展，而且因為蒙氏要求的所有自由，都應該建立在紀律之上，所以蒙氏的孩子服從性也是很高的。畢業後進入小學，並沒有聽過因為接受蒙氏教學而產生不適應的狀況。

蒙特梭利教養的三個關鍵詞

我個人接觸蒙氏教學十多年來，對蒙氏的許多理論都非常著迷，尤其在教學現場每每看到孩子受惠時，更是無比的感動和讚嘆。這裡就和大家分享幾個她最著名、對育兒最有幫助的三個核心精神，各位讀者若能將之運用在家庭的教養上，一定會有很多意想不到的收穫。

一 敏感期

孩子在不同階段會對特定領域（如聽力、細微事物、秩序感等）產生特別的吸引力與堅持，生物學家稱之為敏感期。在這段期間，內在衝動會驅使孩子學習或發展出該領域的能力；錯過敏感期，吸收學習的效果將會大打折扣。

值得家長注意的是，平時很好溝通的孩子無來由的出現任性、亂發脾氣、不聽話的行為時，很可能就是他正處於敏感期中卻被打擾、干涉。比如說孩子進入秩序敏感期，大人不經意的更換了家中的擺飾，或破壞了每天的規律作息，孩子就可能會容易不耐煩，大人眼裡看似失序的行為，反映的其實是孩子心理上的焦慮不安。

二 自由與紀律

所有的自由都是建立在紀律之上，當孩子願意遵守紀律時，他的自由就是無限的。而所謂「紀律」是孩子遵守生活準則，能自主約束自己的行為，並對自己的所做所為負責。

在家中家長如果可以掌握自由與紀律的原則，絕對會發現教養從來就不是一件難事。這裡所謂的「自由」是給予孩子選擇的權利，比如早上急著出門時，兩歲半的孩子鬧脾氣不肯更衣，家長要做的是遵守讓孩子獨立的紀律（也就是再趕，都讓他練習自己穿衣服），但也提供自由——像是前一晚就讓孩子從兩件衣服中挑選出一件。很奇妙的，當孩子擁有自主權時，配合度就能提高了。

三　跟隨孩子

在蒙氏的教室中可以很清楚的感受到，教室的主人是孩子而不是老師，老師只是引導者、觀察者、記錄者，是孩子和世界與學習的橋樑，但絕不是教室中的主角。老師會透過觀察與對孩子各方面發展的認識，在建立好教室應有的紀律之後，即放手讓孩子去忙碌的探索、去反覆操作以穩固自己的學習，並從中獲得專注力與保有學習的熱情。

在家中，不要忘了給孩子多一些時間，尊重他們學習的速度，不要總急著糾正他們左右腳穿反了、褲子沒有塞好……試著給他們的努力一些掌聲，跟隨孩子的步調，相信孩子的能力，放手讓孩子自己完成，這樣才能培養出獨立、自信，知道自己要什麼的孩子。

▼關於「蒙特梭利」教養法，這裡有一支免費的影片資源：**蒙特梭利如何幫助你的孩子**

22

愈早開始學英文，愈好？

英文愈好的父母，愈不在乎孩子學齡前的英文程度如何。比起英文，能夠幫助孩子與人溝通、表達自我，甚至建立認知發展的中文，才是這個階段更重要的！

這篇文章應該會得罪不少同業與朋友，但是基於我接受過的專業訓練，以及在幼教現場看到太多父母的種種迷思，我還是不得不站出來，摸著良心說句：「對不起，我沒辦法接受全美語的學前教育。」

這一代的孩子未來勢必都會成為地球村的成員，我從不否定英文的重要性，尤其我自己在美國求學三年，切身體會過非母語生活的種種難處。說真的，我的英文不算好，到現在還常被先生恥笑文法錯誤百出，我總是回他：「我在美國買得到需要的東西，出門不會迷路就行了。」

在我十幾年的幼教生涯中，很清楚的看到一個值得玩味的現象，就是——**英文愈好的父母，愈不在乎孩子學齡前的英文程度如何**。我們學校就曾有孩子，一對父母都任教於國立大學的英國語文學系，他們都很清楚在我們學校，英文是當興趣在培養，而非教學的主體，也從不過問英文課教什麼、孩子畢業時可以累積多少字彙、遇到外國人能不能侃侃而談，為什麼呢？因為孩子真正生活的環境就不是說英文的啊，比起英文，能夠幫助孩子與人溝通、表達自我，甚至建立認知發展的中文，才是這個階段更重要的！

當英語教學淪為商品

教育局不斷疾呼幼兒園、托兒所不可聘用外籍老師，違者可是要受罰的。我就曾聽同事分享之前在知名連鎖學校合作的外籍老師，在美國從事「非語言教育」的工作，甚至完全沒有「教育」背景，卻天天在要價不菲的「學校」裡教育著我們的孩子……種種亂象，讓人聽得心驚膽跳。但家長們又哪會知道他們送去的「國際學校」

根本是以「補習班」立案，不但無法可管，也毫無保障。

當「英文」被當成學前階段的「商品」，行銷給父母時，對孩子來說真的是很大的悲哀。

國立臺北教育大學兒童英語教育研究所創所所長張湘君教授在《我的孩子不會講中文？》書中提到，幼兒語言學習並沒有所謂的黃金期，但卻有五歲這個遺忘的關鍵期，如果平日沒有持續的學習與大量的語言互動，那麼不管學習什麼語言，終會功虧一簣。她認為學習外語固然是好事，但實在沒必要讓孩子過早接受這一切。

當孩子連母語的基礎都還沒打好，就要用全英文來處理人際的互動，甚至是衝突時，試問他們要如何學習面對並解決問題？我甚至聽過因為學校規定 No Chinese，所以孩子搶玩具時，互指著對方說：「You you you……」然後沒了下文。

幼兒學英語的原則

英文，當然重要，但卻急不得。我的經驗中觀察到每個孩子的特質都不同，如果孩子的**母語已經有一定程度，對英文也有興趣，才是開始學習英文最佳的時機點**，這時也要請家長把握兩個重點：

第一，**母語學習絕對是任何語言學習的基礎**，千萬不要捨本逐末，在孩子還未準備好時就大量給予英文的學習，除非家中有英文的環境，否則孩子很容易造成混淆。

第二，**持續營造愉快學語文的環境**，尤其剛開始接觸時，就要求孩子大量的背誦和不斷考試，真的會讓孩子望之卻步，打壞學習的胃口。做父母的不是不能給孩子壓力，而是要看孩子的發展與能力，給予**比他可以的再多一點**的挑戰，才會讓孩子學得有成就感，也願意持續學習下去。

在我學校的蒙氏教室中我們採用融入式的英語教學，在教室的語文區同步提供中文和英語的教具，秉持著和中英文一體兩用的原則，從「聽」來辨認音，讓孩子了解聲音是充滿在我們的環境中的，然後再引導孩子拆解聲音。

以中文為例，我們會讓孩子從聲音遊戲開始辨認，像是重複念誦後問孩子：「爸爸、包子、報紙，你聽到什麼聲音呢？」讓孩子從中辨識出「ㄅ」的聲音，老師再拿出ㄅ的注音符號砂紙板，讓孩子用兩根手指頭去觸摸ㄅ的形狀，孩子即可將聲音和符號做結合。由於學齡前孩子的手指小肌肉沒有發展完全，並不適合拿筆，因此蒙氏教學讓孩子用觸摸來記憶符號，也為未來的學習做準備。

英文也是如此，要讓孩子認識B的時候，我們就準備各式B開頭的小書或模型，像是Ball、Bed、Boy等等，讓孩子從中認識B的發音，而所有的教具都擺放在開放式的環境中，當孩子有興趣時再由老師單獨示範引導，也允許孩子自由拿取、重複練習，尊重孩子學習的意願，讓英文自然融入在課室環境中。

我們要給孩子的，到底是什麼樣的童年？業者總說：「不要讓你的孩子輸在起跑點！」但數據卻告訴我們**「從幼兒園開始學英文」和「不是從幼兒園開始學英文」的學生，在國中的英文平均分數差不到一分！**而這一分是孩子犧牲了多少在戶外踢足球、在陽光下野餐、在綠地上追逐、聽老師講歷史節慶故事、看著滿地爬的馬陸，邊聽著老師講解著生物的奧妙、抱著大樹一起猜著需要幾個小朋友才能完全圈住它……才換來的，真的值得嗎？

童年真的很短，但回憶卻很長。如果我們的孩子在童年的回憶中只有英文，不知道會是多麼深刻的失落和遺憾。

不要再告訴我，要讓你的孩子去上全美語幼兒園（＝補習班）了，不然下次我再見到你的孩子時，會感到很心疼。

23

分數重要嗎？

每當腦海中浮現分數的迷思時，我都會不斷反問自己：「我們到底要給孩子的是什麼？是好看的成績單，還是真正理解、學會一種知識？」

記得兒子們某次期末考前，我和先生因故赴美，家中只剩阿嬤幫忙看著，說是放牛吃草也不為過。當然，那並不意味著我們對於孩子的課業滿不在乎，只是在教養的過程中，我們常會提醒自己，千萬不要老想著要讓孩子有「競爭力」，因為所謂的競爭力就暗示了「成就導向」的教育，很可能害孩子物化了自己。

回首來時路，我也是在升學主義下長大的孩子，「少一分，打一下」根本是家常便飯，只是因為從事教育工作，研讀了不少理論，也和很多專家、前輩請益，更常常深入陪伴每個家庭，看到父母的價值觀是如何影響著孩子，因此**每當腦海中浮現分數的迷思時，我都會先穩住情緒，不斷反問自己**：「我們到底要給孩子的是什麼？是好看的成績單，還是希望孩子學會自律？是很會寫考卷的機器，還是真正理解、學會一種知識？」

爸媽要堅定，不隨波逐流

育兒路上，難免會有熱心的旁人提供各種經驗談和建議（學業方面舉凡「再不去學○○，以後你的孩子就□□囉！」「十二年國教耶、一○八課綱耶……」「你們還不趕快△△，孩子以後申請學校很辛苦唷！」等等），這時不必隨之起舞，更沒有必要和親朋好友唇槍舌劍製造衝突，請別忘記，我們才是孩子的主要依附者，其他人的意見僅供參考即可，重要的是我們想給孩子什麼、又能提供他們什麼樣的幫助。

我常鼓勵家長，即使當了爸媽也應該發展自己的興趣，做什麼都好，就是不應該把孩子的成就當做是自己的成就。如果只懂得盯著孩子、為孩子而活，不但自己沒有自由，孩子更是沒有喘息的空間，只會造成親子關係緊繃，甚至造成反彈與重創。孩子表現好時我們為他開心，孩子表現不好但已經盡力了，我們陪伴他度過。不過我知道大多數的爸媽都卡在「孩子就是不夠努力，才會表現不好」的陷阱裡，這種恨鐵不成鋼的狀況又該如何處理呢？

我家雙胞胎兒子六年國小生活，從沒去過安親班，因為沒有大量練習寫評量卷的經驗，考試時的確無法像其他同學一樣快速完成，所以當兩兄弟回來告訴我，因為他們才剛寫完考卷，考試就結束了，所以沒辦法回頭檢查，導致粗心的錯誤時，我會深呼吸告訴自己：「要放下。」

如果不上安親班，換來的是每天下午可以在操場上盡情的運動、踢球，週末有更多時間去露營或參加足球賽，那對我們而言就很值得了，因此考不到高分又如何？不過，如果考差的原因是觀念沒弄清楚，我就會嚴格的提醒他們，上課不認真聽講是大忌，因為我們沒去安親班，所以請用上課時間搞懂所有問題。

比成績更重要的事

兒子們小時候做過智力測驗，兩個人只差一分，所以我們很確定兄弟倆的聰明才智是差不多的，但他們的學習態度上卻大相逕庭——弟弟自我要求很高，所以在班上一直是名列前茅；哥哥卻很隨興，所以成績老是上不來，而且起伏很大。對我而言，兩個孩子分別給了媽媽不同的課題：弟弟需要我引導他接受不如預期的結果，哥哥則是要我努力激發他的動力，讓他能好好發揮。

記得有一回已上國中的兄弟倆都考了班上第四名，弟弟情緒非常低落，因為他從沒掉出三名外；哥哥卻開心的不得了，因為那是他第一次考到第四名。那天陪他們回家的路上，我一邊要肯定哥哥的進步，轉頭又要安慰弟弟的失落，對我而言要處理的問題，不是成績，而是兒子們的態度與情緒。

曾有一位媽媽問我：「孩子寫功課時，不聽我提醒，也不讓我把寫不好的地方擦掉，結果隔天回到家分數不好又說是我害的，怎麼辦？」請記得父母永遠不需要承擔孩子這樣的情緒，我們要做的是**幫助孩子分辨他為什麼生氣或沮喪**，而不是出於內疚或自責的去承擔孩子的錯誤。

人和事如果不分，就會造成許多管教上的混亂。請記得功課沒寫好，不代表是媽媽沒教好，請不要自己挖個洞往裡面跳，我們可以引導孩子釐清問題，一起討論下次該如何改進，也別忘了協助孩子停止情緒性的語言，**教他用對的方式表達情緒，例如**

把「責怪」媽媽的態度轉化成「求援」：「媽咪，下次我寫完你再幫我看一遍，好不好？」引導孩子看見問題的核心所在，並找到解決的方法，比起作業寫得漂亮與否、考試考幾分，對孩子來說更為重要。

如同我們在幼兒園進行幼小銜接課程時，一直提醒父母的，我們會試著出回家功課、讓孩子們練習寫聯絡本，為孩子們做好上小學的準備，**重要的不是他們會多少英文、注音、數學，而是他們有沒有養成良好的習慣與態度**：放學會不會先把功課做完，再去做自己想做的事？會不會主動把聯絡本拿出來請爸媽簽名，還是總要爸媽三催四請？能不能晚上睡前就整理好書包，還是一大早才手忙腳亂的找不到東西？這些才是我們在幼兒園階段，應該為孩子打下基礎、養成習慣的要求。

爸媽別忘了幫孩子看遠一點，因為分數不能代表孩子的一切，但習慣與態度卻會決定他們的人生。

24

幼兒園到底要不要出回家功課？

幼兒園有沒有出回家功課，不是重點。重要的是，父母的陪伴與閱讀習慣的養成，才是孩子們未來求學時最大的利器。

我之前任職的學校總共有三個混齡的班級，有一年老師們對大班生準備進入幼小銜接的下學期，到底要不要給回家作業，出現了不同的看法，激盪出很多火花，頗有意思。

不贊成給回家功課的老師認為，孩子不過是學齡前階段，最快樂的童年生活就要結束了，每天在學校專注投入蒙氏工作所做的練習與學習，已經非常足夠，未來還有十幾、二十年的日子，在等著他們寫功課、考試，與其急著大班下學期就要他們適應這些，不如讓他們好好享受最後幾個月無憂無慮的生活。

贊成出功課的老師則提出不同的見解，他們認為給功課的重點，絕對不是要求拼音正確、國字完美、或是做大量的數學、英文練習，而是孩子對於回家功課的「態度」——讓孩子建立起自動自發寫功課的好習慣，清楚的知道功課是自己的責任而不是媽媽的，每天回家主動拿出功課，不需要大人三催四請。如果能在幼兒園時期先做好一定程度的心理準備，到了小學就比較容易接受每天都要寫功課的事實。這才是老師認為最重要的「回家功課」。

因此，贊成出功課的老師，會先跟家長們做好心理建設，所謂的功課，可能只是畫一幅畫、自己晨讀十分鐘、玩個連連看……，**重點是孩子有沒有養成習慣，自己主動拿出來**。

家長可以做的，則是和孩子討論規劃好每天完成作業的時間點，只給予孩子善意的提醒而非催促，如果孩子忘記或是沒有完成，隔天他必須自己跟老師交代原因，並接受老師的處置，例如補寫完才能去玩玩具等，讓孩子養成自動自發與負責任的精神，才是我們出功課的主要目標，**絕不可以讓孩子覺得「那是大人的事」**。

我樂見老師們進行這樣的論辯，因為很多問題都沒有標準答案，但經過大家反覆的爭辯、省思，再去執行時，不論是出功課或不出功課，都會更清楚箇中的利弊得失，進而做出對孩子最適切的安排。

我們家兩兄弟在國小畢業前，每天都可以在一小時左右做完功課，因此晚上九點半就可以上床睡覺。但其實弟弟遇到的老師很重視寫作的練習，除了數學、國文的作業外，每天還要寫小日記或主題閱讀單。

我很欽佩那位老師的做法，她沒有硬性規定要寫多少字，而是告訴孩子們每學期要寫完兩本連絡本，有寫完的人寒暑假就不用寫作文，或是集點換社會性的獎勵，像是最大獎可以下課多二十分鐘等，用這些方法激發孩子學習的自主性，給予孩子決定權而非強硬的規定。因為有彈性，大孩子們反而心甘情願的買單，弟弟的小日記常常寫得豐富又精采。

好玩的是，在幼兒園時弟弟的班級是完全不出功課的；而哥哥的班上，在老師和孩子們討論並與家長達成共識後，大班下學期開始酌量出功課回家練習。其實到了小學，就算同學校、同年級，每班還是會有功課量上的差異，功課多好，還是功課少好？這真的是另一個見仁見智的問題。

從自家的經驗看起來，我還是認為幼兒園有沒有出回家功課，不是重點。重要的是，**父母的陪伴與閱讀習慣的養成，才是孩子們未來求學時最大的利器**，若是家長本身已經花很多心思在陪伴孩子、經營親子時光，相信學校有沒有出功課影響都不大；而回家就是全家一起3C的家庭，就算孩子都有完成功課，但長遠看來學習的動力不夠，遲早還是會出現問題的。

所以幼小銜接的準備時期到底要不要出功課？在我看來只要立意明確，對孩子不要造成太大的壓力與家庭的困擾，都是可以嘗試的。大班時期我建議是以不要超過半小時（十分鐘更好）為原則，至於幼幼、中小班實在沒有出功課的必要，因為很容易揠苗助長，造成幼兒對作業的反感，親子關係若因而受損就得不償失。

不論如何，若已經影響到家庭生活或是造成孩子晚睡，家長就該和老師反應酌量減少或與孩子重新討論約定，切記回家作業的重點，不是知識量上的填塞補充，而是學習態度的養成。

每個孩子氣質不同，依著孩子的狀況，大人只要能敏感的調整與回應、規範，給孩子有品質的陪伴，相信就會讓孩子在上小學前調適到合適的心理狀態，並擁有一輩子良好的學習習慣吧！

25

學齡前的美感教育

所謂的「美感教學」，就應該和生活結合，而不是另外再去變出東西來。老師以秩序感為基礎，有條不紊的引導孩子欣賞生活中的種種，就是美感教育的初始點。

一位以前在紐約的同事，在FB上寫信問我，對於幼兒美術有沒有什麼建議，她想好好栽培她四歲的兒子。

其實我對美術並不專長，是在接觸了幼兒教育、蒙氏教學，並認識幾位幼兒美術高手之後，才慢慢摸索體會出來。

撇開專業不談，身為媽媽，我對孩子的繪畫沒什麼要求，唯一只堅持**五歲前不給他們用彩色筆**，因為之前共事的一位前輩告訴我，彩色筆的顏色過於飽和，又難做出深淺的效果，不建議給學齡前階段孩子們使用，以免抹煞了他們對色彩的敏感度。

根據我後來的觀察，使用蠟筆、水彩筆時，孩子運用與創造顏色的空間的確更大，輕輕畫、重重畫、重疊畫、渲染畫……都能呈現不同的效果；而且彩色筆幾乎不用出力，就能畫出顏色，而蠟筆則是需要孩子整隻小手用力，才會出現不同深淺的效果，對於孩子的小肌肉發展很有幫助，也可說是在為日後拿筆寫字先做準備。

美感就在生活裡

另一位深深影響我幼兒美術觀的，就是媽寶界超人氣的幼兒塗鴉大金剛老師。為什麼說是「塗鴉課」而不是「美術課」，因為在學齡前階段，我們最不希望給孩子的，就是照本宣科的「仿畫」。

我剛擔任園長時，學校原本有一位固定配合的美術老師，她的帶課方式就是老師今天教一個主題，畫在黑板或拿出畫好的樣本來，請孩子「照樣造畫」，最後還幫他們修正作品，以呈現給家長看。合作沒幾個月，溝通很多次還是沒效果，我只好請她另謀高就，記得最後一堂課，她還拿了許多高檔的素材給我看，告訴我她的成本有多高、她有多用心。

接任的大金剛老師，風格截然不同。第一堂課他在地上鋪滿白報紙，請孩子們拿著小汽車沾顏料「滿地作畫」，上他的課最重要的就是「絕對不要忘記穿工作服」，不然衣服會很慘，滿臉、滿腳的顏料更是難免。另一堂讓我印象深刻的是，老師請小朋友想像自己是餐廳老闆，給孩子一張白紙和餐具，擺放設計出最吸引客人的樣子，然後上色、固定變成作品。大金剛老師認為所謂的**「美感教學」，就應該和生活結合，而不是另外再去變出東西來，才叫美感**。

美感教育這樣做

記得某年我們和政大幼教研究所合作了一個專案，結案時政大的教授來到我們學校回饋與討論，雖然教授對我們學校讚譽有加，最後卻提出了一個私人意見，引起在場的老師們一陣躁動，因為他覺得「蒙氏教學沒有教孩子『美感』」。

我忍不住平靜但堅定的回應：「不知道教授如何定義『美感教育』？是看繪畫作品的好壞決定嗎？還是生活中對美的感受力？」

蒙氏認為，美感教育應該始於生活，蒙氏老師對於教具的配色組成、視覺感與流暢度，教室的氛圍、空間感、動線是否合宜，有著非常高標準的要求，因為我們知道，環境將是影響孩子美感最重要的因素之一。因此教室環境中一定要有綠意、所有教具務必保持整齊清潔、空間一定要明亮通風，再加上一些軟性的點綴，如圖書區放置一把小藤椅、一盞檯燈、幾個坐墊，讓「美感」進入到孩子的生命中。

我記得在那之前，才看到一位來校參加教學觀摩的家長在回饋單中寫道：「看到有個孩子像小主人似的過來問我要喝什麼，然後很熟練的端出泡茶用具，倒水、放茶包、瀝乾茶包、處理善後，再端來請我用茶，真的好感動啊！」教室的引導者（也就是老師），以秩序感為基礎，有條不紊的引導孩子欣賞生活中的種種，才是我們對孩子美感教育的初始點。

此外，我們也不忘常常提醒家長，**欣賞孩子作品時，不要過度誇讚，而是要具體說明**。孩子喜歡聽的，是你告訴他你真的看到了什麼、你的共鳴點在哪裡，比如具體的告訴孩子「我很喜歡你的配色和細緻度。」或是「哇！我看到你線條畫得好流暢啊！」如果只是很敷衍的說句「哇！好漂亮！」那還不如告訴他「媽媽正在忙，等我忙完，再借我好好欣賞一下，好嗎？」若非由衷的肯定，寧願不說也罷。

我很不樂見大人在孩子的作品上加油添醋的畫東西，更不喜歡孩子問「鴨子怎麼畫？」時，大人就畫一隻鴨子給他看，叫他依樣畫葫蘆。寧願拿鴨子的圖片或繪本，讓他自己去觀察、從故事中體會再畫出來，這樣才不會抹煞了他的創造力與觀察力。就算不期望孩子以後成為畫家，也要給他一輩子願意繪畫的動力與成就感。

會不會作畫、看不看得懂名畫，對孩子的未來人生，或許不會有太大的影響，但如果孩子能懂得經營有美感的生活，懂得欣賞身邊美麗的人事物，我相信那才能帶給孩子最美麗的人生。

26
一生受用的運動力

運動能夠帶給孩子的，不只是身體強健，還能提高孩子的工作記憶、意志力鍛鍊、情緒管理、社會性互動、專注力，甚至是學業表現，統統都有顯著幫助。

不少家長在親師會談中問我：「園長，請問孩子學齡前階段，我們到底要做什麼準備，好讓他以後上學可以輕鬆點啊？」我總是笑笑的告訴家長們，在學齡前最重要的扎根工作絕不是孩子背了多少英文單字、有沒有熟記九九乘法表、或是可以背多少首唐詩，而是孩子有沒有養成運動的習慣、有沒有藉由運動讓孩子擁有良好的生心理發展。因為這麼多年的經驗下來，我看到在幼兒階段體能的穩健，遠比智能的開發，甚至填鴨來得重要多了。

為什麼運動這麼重要？除了一般熟知的強化心血管系統、調節熱量（減肥的意思）、增強免疫力（不用靠吃藥）、鞏固骨骼（長高長壯）等功效之外，運動時腦內所產生的多巴胺與正腎上腺素，可以讓我們遠離憂慮與過度的壓力、提振情緒，最重要的是還能有效增加孩子的學習力，效果和過動兒服用的「利他能」類似，好處多多！

我們家兩兄弟中班時開始接觸幼兒足球，那時我就被運動的附加價值深深吸引，所以也把足球這項運動帶進當時服務的幼兒園，希望讓更多家長看到運動的好處。如同《運動改變大腦》書中說的：我的工作是讓孩子們知道所有維持身體健康該知道的事。運動本身並不是樂趣，它是工作，如果你能讓他們了解這點，把好處證明給他們看，那才算是徹底的改變。

運動需要付出體力、耐力、時間，要讓孩子從小養成運動的習慣，爸媽就必須先從家中走出來，帶著孩子們上運動場，然後孩子自然會從團隊合作中獲得成就，建立正向的循環。對我而言，這遠比在幼兒園階段就帶著孩子到處去補充認知上的學習來得更為重要。

我們推廣運動絕非為了培養國手，尤其在學齡前，運動如果只是為了「競技」的目的，不但不適合，而且還會造成孩子過大的壓力，絕對不是我們所樂見的。

運動還能提高學習力

記得有次我參加了信誼所舉辦的國際研討會，會中再次驗證多年來我用力推廣運動，是非常正確的決定。已經有非常多的研究證明「體能佳，學業跟著好」，只是到底要多強的運動才有效呢？

那場研討會中，專家們指出，國中及國中之前的孩童，運動的基本量是「每天一小時」，而且必須是中強度以上的運動才會看到效果！附帶一提，大人則是一週至少三次，每次三十分鐘。

運動能夠帶給孩子的，不只是身體強健，研究報告指出，運動對孩子的工作記憶、意志力鍛鍊、情緒管理、社會性互動、專注力提升，甚至是學業表現，統統都有顯著幫助。國立臺灣師範大學體育學系張育愷教授所做的研究告訴我們，七年級學生的體適能總分，竟然可以預測他們九年級基測成績，預測解釋力高達二五％！

張教授也特別提醒，這裡所說的是健身運動 exercise，不是競技運動 sport，因為如果到了專業運動員的訓練，在高強度無氧狀態時，其實他們的情緒經歷都是負面的，並不建議我們一般人這樣做，尤其孩童在正向狀態下運動才能持續長久。

我很喜歡張教授在一開始分享的觀念，就是人類的基因原本就需要大量的動，基因轉變要花上幾萬年，因此運動對我們來說不是一個選項，而是演化上必須做的事。記住想要好好活著，就要讓自己和孩子動起來，**不論學業壓力多大，都別讓孩子習慣坐式生活**（sedentarism），這才是我們能給孩子的最有用的幫助啊！

我在之前的學校推廣了九年多的足球教育，很欣慰得到家長們的認同，並用行動來支持參與，除了校內的常態性足球課程外，每週日志同道合的家長也相約在正式足球場上陪孩子練球，直到現在還有已經上國中的畢業生仍持續回來一起練習，最高峰時期帶孩子到球場上課的家庭竟然高達九十組，爸媽們能認同運動的重要性，並身體力行，真是孩子們的福氣！

孩子的週末原本就不應該在家中看電視、玩3C……，相信在球場上度過的童年，將是他們長大後最鮮明與回味的記憶，而大夥有志一同的默契與彼此互相支援、打氣，更是孩子能持續運動下去最大的動力！

運動是份人生的大禮，不但要送給孩子，也要送給自己。除了促進健康、增強學習力之外，運動也能穩定孩子的情緒，間接也減少甚至隔絕了接觸壞習慣（如沉迷電玩、網咖……）的機會。這麼重要的禮物需要爸媽在幼兒時期堅定且規律的陪伴與鼓勵，如果能讓孩子在幼兒階段就養成運動的習慣，相信孩子一生將受益無窮。

爸媽的另一種學習

將足球引進學校課程，也帶自己的小孩踢球，踢久了，發現有些狀況常常會發生，比如說就常有家長問：「為什麼比賽時我家小孩上場時間這麼少？」其實不難了解家長的心情，自家小孩風吹日曬辛苦的練習，甚至一大早就要集合比賽，好不容易上場了卻如曇花一現，爸媽相機都還沒拿好，小孩已經被換下來了，回家孩子委屈的問：「媽咪，為什麼我都不能上場，好想踢球唷！」爸媽難免心疼。

同為足球媽媽，這種事我的經驗可豐富了，因為我們家三個孩子當板凳球員的時間遠比上場來得多；尤其是大哥加入更有水準的隊伍之後，當拍手部隊更是日常茶飯事。媽媽我其實也請教過教練與先發球員的媽媽，才知道人家每天早上起床就先踢半小時的球，從右腳練到左腳、從一格一格爬樓梯增加到兩格兩格爬……更讓我們了解後天的努力才是關鍵。

每一次比賽，我的孩子沒能上場時，我都會告訴他們：「教練沒讓你上場，一定是你今天狀況不好，或是你還沒準備好。」兄弟倆回家也會跟我討論，先發的隊長射門角度真厲害，他們也想練看看。在我印象中就算是板凳坐很久的大哥，也從沒向我抱怨過他沒有上場。

跟著球隊到處出賽久了，我大概看得出來教練是怎麼調度球員的，當比數拉鋸時，先發球員常常得跑全場撐著，只要一疏忽或換人，局勢就會很難翻轉，大家就跟著沒球踢了；而比數拉開時，不管是占上風還是下風，二線球員才會有比較多上場的機會。因為比賽本來就有輸有贏，所謂「輸了沒有關係」，是在孩子努力過後用來鼓勵孩子的話語，只要一上場，當然是要全力以赴，為了團體榮譽而努力。

教練不是神，當然會布局失誤的時候，這時球員與家庭的態度益顯重要。教練看球員，永遠不會和爸媽看孩子的角度一樣，每個球隊都有球隊的風格與規則，既然把孩子交給教練，就要放下爸媽的不忍，讓孩子學習為了團體榮譽，沒機會上場時要安然以對，有機會上場時，請站好屬於自己的位置，全力以赴的放手一搏吧！

27 開得了口的教育

很多孩子在家中和爸媽在一起時話多的不得了，一上台聲音卻小到連螞蟻都聽不到，甚至從頭呆站到尾。

當年在美國攻讀幼教碩士時，我曾經為了自己無法流暢的在課堂上發表意見而大感挫折。每次發言前我總是格外的謹慎，擔心自己的意見不夠特別、文法正不正確、發音清不清楚，更擔心自己丟了台灣人的臉……，結果，往往到了主題討論完畢，教授開始下一個主題了，我腦中還在消化其他同學的觀點，想著明明自己的見解更出色，而且我還有在台灣工作三年的實務經驗可以分享，懊惱著怎麼就是說不出口！

這個「課堂失語症」嚴重困擾著我，當時我有一個來自加州的室友 Karen 對我非常友善，記得我們一起住在一間沒有隔間的宿舍套房，兩張床各自放在房間的對角，睡前我們常天南地北聊天，和 Karen 聊天時，我常聊到忘了自己是在說英文，但回到課堂上我依舊無法開口。

有一回上幼兒語言學，教授忽然玩起韻腳的遊戲，大家一個接一個的回應著教授出的韻腳，我卻又開始緊張了起來，只好隨便說了一個字，教授停了下來看著我說：「因為中文沒有韻腳，所以翩翩不會。」

當場我的腦中一片空白，中文怎麼會沒有韻腳呢？這麼美、這麼深奧的語言，怎麼可能會沒有，但是我要怎麼用英文解釋給教授聽呢？……然後教授話鋒一轉，沒等我回應，又進入到下一個話題。

那一晚我帶著內疚回到宿舍，我覺得我背叛了我的母語中文，我竟然沒有用盡全力為它辯解。

說話的能力可以這樣訓練

後來回國到了台灣教學現場，我慢慢發現自己當初在怕什麼，我怕犯錯，怕到沒有辦法開口，怕到寧願不要說、不要做，所以我開始告訴自己和我帶領的教師團隊，讓孩子犯錯吧！因為只有這樣，他們才會有站出去的膽量，重要的是要教他們犯錯之後，怎麼面對、怎麼處理。

所以，在教室中不小心打翻水了怎麼辦？我看到孩子們從容地去拿取符合他們身高使用的小拖把，自己把地拖乾淨；**舉手時說錯了怎麼辦？老師肯定他們發言的意願，再幫助他們重新釐清題目的原意，請他們再試一次**；出去參加足球賽輸了怎麼辦？我們告訴孩子重要的是你盡了全力，輸球只是告訴我們哪裡還需要改進。

老師們也開始幫孩子建立面對群眾說話的能力，一開始是從假日分享練習起，我們會請孩子們蒐集假日他們四處遊玩的資料、DM、照片等等，孩子們可以看圖說故事，和同學們分享景點、活動，甚至只是去公園玩了什麼，都是可以分享的話題。有時老師也會讓孩子們帶自己喜歡的玩具來學校做分享，不只是和同學一起玩的分享，還要上台介紹你的玩具怎麼使用？要注意什麼？這是在訓練孩子們的理性邏輯能力，屬於聚斂式思考的學習；而出遊、活動的講述有時就會比較發散，但也更適合比較小的孩子，畢竟對有些孩子來說，**台風是需要訓練的，而勇氣更是經驗的累積**。

老師也會讓孩子們輪流上台，練習講演繪本，當個「小小說書人」，我深深覺得這真是很重要的準備，因為很多孩子在家中和爸媽在一起時話多的不得了，一上台聲音卻小到連螞蟻都聽不到，甚至從頭呆站到尾。這時大人的角色就很重要，老師通常都會**先用問答的方式，引導孩子進入到情境中**，比如說你們是開車還是坐捷運去玩的呢？有哪些人？去了哪些地方呢？接著再幫助孩子延伸話題、做出總結，只要教會孩子如何有系統的吸收資訊並有條理的發表主題，就算是學前的孩子，一樣可以落落大方的上台。

我很感動家長們都很大力支持和配合，雖然園方沒有要求，但家長常常會在家中先把繪本做成投影片，好讓台下的同學們都能看得清楚，也會陪著孩子先在家中練習，有的孩子甚至還會自己準備小禮物、小貼紙，玩有獎徵答的遊戲，讓小小說書人的活動不但有意義更充滿驚喜！

我很希望未來我們的孩子能一直對自己充滿信心，因為他們**長大後一定得要和世界各國的人才交流學習**，只要他們開得了口、站得出去，我相信肯定會大放異彩，因此要讓他們明白犯錯從來就不可怕，可怕的是「想說，卻說不出口」啊。

28 課外要不要學才藝？

這些將是親子間永遠聊不完的回憶與話題，更不是學校生活能給予的，藉由課外學習的過程，鍛鍊意志力，更是孩子課外生活中最重要的收穫。

幼兒園是最沒有課業壓力的時期，我其實滿贊成家長帶孩子接觸多元面向的學習，可以從中看到孩子的天賦與興趣，當然也可以了解到孩子的弱項，好做取捨。

比如說，家長們總以為幫好動型的孩子安排靜態課程，像是讀經班、珠心算等，就可以提高學習時的專心度，殊不知，這些孩子需要的是用運動來宣洩體力，並藉由運動後釋放的腦內啡，達到專注與穩定情緒的效果，而非用壓抑的方式讓他們安靜、專心。

每次有家長問我該如何幫孩子安排課外生活，我就不免想起這十多年來我們家邊探索嘗試、邊找到適合孩子學習之路的經驗。

我家的雙胞胎兄弟和妹妹，三個孩子特質完全不同，哥哥從小在學校敲鐘琴、上音樂課時總提不起興趣，連在畢業典禮的表演上還要偷看旁邊的同學怎麼敲，因此我們知道正統的音樂學習不是哥哥適合的路線，但在圍棋中看到了哥哥主動學習的熱情，加上遇到適合的老師，讓他即使到現在已經國三了，只要挪得出時間，都還會告訴我們他想去下圍棋。

弟弟是自我要求高的孩子，也是三個孩子中音感最好的一個，從中班就開始學習小提琴，到現在國三仍然沒有中斷，甚至在小四時主動表示他還想學鋼琴！他的音樂天分並不是特別突出，但是明顯可以看出在琴聲中，他是放鬆而享受的，也願意一次又一次挑戰自己的極限。

妹妹則是個愛跳舞的孩子，從幼兒園時期學到低年級的古典芭蕾、中年級轉跳街舞，如今在學校參加國標舞和瑜伽社團，我們都尊重她的意願，盡全力支持她的興趣，也看到她每次上台表演前不厭其煩的排練，及表演時的自信、表演完後充滿成就感的神情。

家長可以做的陪伴和引導

三個孩子都不一樣，我們所做的就是**盡量幫助他們找到自己的專長，陪著他們在每次想放棄時再努力挺進一些**。記得弟弟低年級時有次告訴我他只想上小提琴課，不想練琴，我堅定的回答他：「每一種樂器、每一項技能都需要上千、上萬個小時的練習，才可能趨近完美，沒有那種只上課、不練習，就能做好的事。如果你不想練，就不要學了，媽媽不會勉強你，我們就到此為止吧！」那次真的停課將近一個月，後來弟弟邊哭邊告訴我：「我不想放棄小提琴，我會練琴的，請讓我繼續吧！」我們才又重新回到小提琴之路。

足球更是如此，孩子幾乎是每過一段時間就會出現瓶頸期，夏天在戶外三十七八度的高溫下踢球，是爸媽、更是孩子體力的一大挑戰；冬天時冷風颼颼，在球場旁看著孩子們脫掉外套，邊打哆嗦邊暖身，甚至因碰撞而受傷、因輸球而情緒失控等等，也難免心疼、想放棄。

但好在我們有強大的支援後盾，球隊裡的每個家庭不但可以互相支援接送、幫忙看顧孩子，更別說一起出去比賽時彼此團結同仇敵愾的氛圍，所以我也都會提醒家長們，無論哪一種才藝或運動，一定要有伴才能走得長遠，不論是孩子的伴，還是家長的友伴，都需要努力經營。

與孩子攜手欣賞沿途的風景

足球、舞蹈、小提琴、圍棋，這些課程上著上著，也都超過五年的光陰了。在這些學習過程中，我慶幸孩子與我們有了不同的視野與生活圈，跟著孩子成為足球媽媽，做最棒的啦啦隊；舞蹈表演時，手拙的我硬著頭皮幫妹妹畫舞台妝、綁包頭；小提琴比賽時坐在台下，心臟撲通撲通快速跳著，比參賽者本人還擔心閃失……，這些點滴不但豐富了孩子的生活，也為我們親子之間增添了不少挑戰與樂趣，更別說因為這些交集而認識了不少志同道合的同學爸媽們。

贏球時的興奮喝采、失敗時的無聲陪伴，這些都將是親子間永遠聊不完的回憶與話題，更不是學校生活能給予的，藉由這些課外學習的過程，鍛鍊意志力，更是孩子課外生活中最重要的收穫。

另外，大人們回應孩子的態度，常常也是決定孩子種種學習能否堅持下去的關鍵之一。記得女兒曾意外被老師派去參加語文競賽中最麻煩的演說比賽，三月份的比賽，我們從過年前就開始準備三篇稿子，努力找時間背稿練習。比賽完回家女兒告訴我：「媽媽，我太緊張了，講得太快，不到四分鐘就結束了。」比賽前的叮嚀囑咐，到了這刻其實都不重要了，我知道女兒盡了全力，因此告訴她：「沒關係，媽媽發現你的記憶力還不錯耶，過年前背的那篇，你居然也大致記得。」女兒才面露微笑的點點頭。

孩子為什麼會對自己喪失勇氣，很多的時候不是因為他的失敗，而是因為失敗後大人的責難，彷彿鹽巴刺激傷口般的痛楚，讓他卻步了，我祈禱自己不要成為孩子下次前進的阻力。

走得好不如走得久，任何一個才藝沒有堅持學習個三、五年以上，都算不上有踏進那個領域。路沒有好走的，既然選擇了，記得一定要陪著孩子堅持下去，**就算最後真的無法到達終點，也別忘了好好欣賞沿途並肩而行所經過的一切。**

29 孩子面對未來最需要準備的能力

學前階段的孩子最重要的準備，從來就不會是認知上的堆疊累積，而是自我的預備，這樣面對未來的學習，所有的挑戰才能迎刃而解。

曾經有家長在孩子轉出我們學校前問我，為什麼學校沒讓孩子多背英文，訓練他們和外國人對話，做個國際人，當時我只笑笑的告訴那位爸爸：「知識量的準備，從來就不是我們學校想要給孩子的訓練，因為學齡前有太多更重要的學習，更能幫助孩子面對他們的未來。」其中最重要的三項就是日常生活能力、敏銳的感官知覺與數學性的邏輯心智。

培養孩子的日常自理能力

在一間正統的蒙氏教室，你會看到教室大致會分為幾大區，首先印入眼簾的是日常生活區。在我們接受蒙氏師資訓練時就了解到日常生活的訓練對於生命發展的重要性，它是孩子之後所有學習的基礎，甚至是孩子人格養成的重要關鍵。

日常生活區的學習包括引導孩子照顧自己、照顧他人、甚至延伸到照顧環境、社交禮儀等，因為我們知道要讓孩子能真正的獨立並擁有完全的自由，他就必須先學好所有生活上的能力。

孩子透過自己動手的過程中，可以培養出良好的動作協調能力、秩序感、專注力，進而對自己充滿成就感與自信心。蒙特梭利博士曾說過：「只有真實的工作與生活經驗才能引領孩子邁向成熟。」在這個被3C淹沒的時代，**如果孩子有真正動手的體驗、意願與實力，他將擁有永遠無法被他人取代的能力。**

我聽過太多小學老師和我們抱怨，很多孩子可能英文不錯、算術很厲害，但永遠忘東忘西、座位一團亂、做事無章法、生活節奏混亂，結果就是跟不上學校的步調，最後連人際關係都跟著被影響，更讓我們相信學前階段，能為孩子所做的最好準備，就是養成良好的生活自理能力，這樣孩子才能有條不紊的生活與學習，成為有教養的人，那才是所有學習最根本的關鍵。

保護孩子敏銳的感官知覺

每位父母都希望孩子聰明、學習力強，但隨著時代的演變，資訊流通與淘汰的速度早已遠超出人們的想像，因此讓孩子大量背誦知識，絕對無法讓孩子跟上時代。所有的知識如今都已唾手可得，真正能幫助孩子的是讓他的各種知覺保持敏銳，讓他能**看得清楚、聽得清楚，吸收正確的資訊並做出良好的判斷**。

幼兒的感官非常的敏感，因此必須盡可能的保持他的敏銳度，我們最常提醒家長的，就是不要讓孩子習慣太多聲光刺激的玩具與環境，像是按下去就嗶嗶大叫的車子、吵鬧刺耳的玩具琴鼓、甚至孩子一出生就在嬰兒床上掛著唱個不停的人工音樂，或是家中總將電視當做背景聲等等，這些過度的刺激，對孩子未來的學習都不會有太大的助益，反而容易造成干擾。

請盡量選用原始材質的玩具、器皿，讓孩子能靜下心來操作把玩，並請給予孩子有限的玩具，過多的資源將會加快孩子喜新厭舊的速度，甚至以後要他靜下心來閱讀、學習都會很吃力，這都是我們在幼教現場看到的狀況，家長們不可不慎！

鍛鍊孩子的數學性心智

在學前階段我們該帶給孩子的數學學習，不該是記憶、背誦、反覆抄寫運算直到熟練，而是培養他們數學性的心智與邏輯，讓他們能有條理的思考、排序、分析、歸類……，進而養成解決問題的能力。

舉例來說小班、中班的孩子，對於數字的概念尚不明確，一下子就跳到教時鐘，容易讓他們感到挫折，通常我們會按部就班運用教具示範與練習，讓孩子先有數與量的觀念。**口頭上能流暢的數數，並不代表孩子真的有數與量的概念**，那只是一種背誦的能力，生活中真正需要的數學能力，和這時期孩子學習的重點，應該是具體的「數與量的結合」。

時鐘則可以從教孩子認識長針、短針開始，像是剛入學正在處理分離焦慮的中、小班孩子，我們會指著時鐘告訴他：「有看到長的那根針嗎？等它走到12，媽媽就會來接你囉。」至於現在長短針的位置代表幾點幾分，我們也會說出來給孩子聽，在這階段先以大量的示範來累積孩子的經驗，還不必要求孩子看懂時間。

等到孩子數與量的概念成熟穩定之後，可以先從整點的時鐘開始認識，接著是半點……，但要提醒各位，認識時間、會看時鐘，並不等於「有時間觀念」。很多孩子習慣遲到或是做事拖拉，原因並不是看不懂時鐘，而是生活習慣散漫，要改善孩子沒有時間觀念，需要大人的堅持，並讓孩子自己承擔後果。

比如常有孩子玩完玩具不收就落跑，老師一定會堅定的要求孩子完成收拾的動作，然後告訴他：「原本你可以在後院玩三十分鐘（把兩手臂張開，配上手勢，讓孩子更容易理解），但如果你收玩具多花了十分鐘，你就只剩下二十分鐘（兩手臂收回來三分之一）可以玩囉！」利用這種方式，讓孩子們將時間的長短具體化，運用生活上的小事件，幫孩子建立時間的觀念。

總而言之，學前階段的孩子最重要的準備從來就不會是認知上的堆疊累積，而是自我的預備，當孩子擁有良好的生活自理能力、敏銳的感官知覺能力與數學性的邏輯、心智，未來面對學習時所有的挑戰才能迎刃而解，孩子也才能成為一位人格發展良好，而且有教養、知進退的人。

30

教養孩子，是父母難以推諉的責任

想要教出一個能夠面對未來種種挑戰的孩子，首先請扛起身為父母應負的責任，拿出你對生命潛能的肯定，相信孩子必會通過這些挑戰，從失敗或犯錯中得到能量。

學校裡有著各式各樣的家庭，尤其現在父母的工作不但國際化，也相當多元，父母經常性的到國外出差，大家輪流一打二是常態，不少家庭更是長期處於「偽單親」，爸爸長年在大陸或外地工作，每一季回來一次，幸運一點的則是週末可以回家，平時由媽媽一肩扛起孩子教養與生活的照料。因為每個家庭處理的方法不同，我們就會看到孩子在團體中不同的表現。

有個孩子從入園起就不斷被提醒行為與態度問題，後來才知道小男孩媽媽因為懷了第二胎，常常連續好幾天都把孩子放在阿公阿嬤家照顧，沒有接回來。放學時每每看到小男孩對阿公阿嬤頤指氣使，一看到長輩就把書包、外套丟過去，講起話來也沒大沒小，讓我們了解在學校的行為原來就是這樣養成的。

我們在第一線也看到許多媽媽，身上背著一個小的，手裡牽著一個大的，仍堅持每天親自接送孩子，也有媽媽一打二，還可以獨立開車跟著學校一起去露營。長期觀察下來發現，這些孩子獨立性較好也充滿自信，知道媽媽忙不過來時可以試著照顧自己，甚至幫忙媽媽做些什麼。

孩子需要的從來就不是無微不至的照顧，而是主要照顧者的愛與陪伴，他們可以**從自己獨立完成中得到大人無法給予的滿足感、成就感與自信心**。孩子難免會行為出現偏差、情緒失控的狀況，只要主要照顧者能有所堅持，穩穩的接住他們所有的情緒，孩子自然會慢慢安定下來，在團體中也將會是位舉止得宜的好榜樣。

我在二〇一九年二月份的《親子天下》雜誌上看到一篇文章〈8撇步，教出有韌性的孩子〉，其中前五項是我們常常在提的正向教養，包括「在情緒上支持孩子」、「教孩子表述情緒」、「教孩子振作起來的技巧」、「承認錯誤，修復錯誤」、「肯定孩子努力的價值」，後三項在我看來更是現代家長很容易忽略的大重點。

1. 讓孩子掙扎：孩子都有能力發展出韌性，而家長所做最糟的一件事，就是太常「拯救」孩子。

曾有個大班男生忘記帶鐘琴，居然叫實習老師打電話要媽媽趕快送來，還好我巡堂時發現制止了，才沒讓媽媽神救援了這個孩子。請在孩子可以承擔的範圍內讓他自負後果，唯有如此，你的孩子才能鍛鍊出堅強的心智。

當孩子忘記帶學用品，總會有方法可以解決的，也只有**當他知道自己必須去面對，才能學習到解決問題的技巧、擁有面對問題的勇氣**，像是可以向其他班的同學或老師商借，也可以今天上課先空打，回家再用鐘琴複習等等，甚至發展出後設認知，自己想辦法下次記得帶物品。

這個世界充滿了挑戰，如果連**最安全的學校**，爸媽都無法放心讓孩子去經驗自然後果，搞不清楚他們已經長大了，可以承擔應有的責任，那未來的他們，又將如何獨立呢？

2. 讓孩子經歷拒絕：孩子需要學習，當別人對自己說「不」時該如何應對。

有些媽媽聽到孩子回家說「我沒有朋友」，比自己沒有朋友還難過。其實我們除了可以當下抱抱孩子，了解他的感受之外，幫助孩子找出原因才是重點。

有些獨生子女可能較缺乏社交的技巧，需要更明確的指導棋；有些孩子家中大人總百依百順，讓他無法適應被拒絕，需要調整心態；當然也有可能在努力過後仍被某特定的朋友為難，那孩子也要學習放下，找尋別的天空，畢竟就算是大人，也不可能讓所有的人都喜歡我們。

如果孩子遇上的是比較基本款的困擾，例如同儕間還搞不清楚物我的觀念，或是想玩的東西被別人霸占等等，我會建議家長直接教孩子明確的告訴同學：「小明，等你玩完可以叫我嗎？」而非直接出手拿取，或是「我很想跟你玩，你為什麼不願意呢？」可以在家多次實際演練，讓孩子習慣這樣的對話，都會有助於孩子經歷拒絕時能有正向的處理。

3. 不縱容弱者心態：家長應該告訴孩子，人生本來就不公平，所以每個人都要強大起來，自己解決問題。

可以同理孩子，但絕不要同情孩子。讓孩子了解在情緒上我們可以接受與陪伴你的生氣、失望、挫折、沮喪……，但我們更相信你可以找到方法來面對與處理，就算孩子是被害者，我也很怕聽到家長用：「好可憐喔，我的小寶貝，怎麼會這樣呢！」的態度應對，甚至還聽過有爸爸說：「他要是再敢碰我女兒，我就給他好看！」而對方只不過是一個中班年紀的小男生，更何況那位小女生的跋扈，才是我們一直很頭痛的問題。

孩子因故受傷，我們當然可以為孩子感到不平，但更重要的應該是帶領孩子了解原因及學習如何保護自己，而非總是讓孩子扮演弱者來博取同情，然後習慣讓大人幫他出頭，或讓爸媽找老師告狀來擋掉所有的問題。大人更該收起「我給得起」的老大心態，不要總讓孩子裝小，扮演小嬰兒的角色來滿足大人的心理需求。

想要教出一個能夠面對未來種種挑戰的孩子，首先請收起你的同情心，扛起身為父母應負的責任，拿出你對生命潛能的肯定，相信我們的孩子必會通過這些挑戰，甚至從失敗或犯錯中得到能量、吸取經驗，而不是從你的神救援。

教養沒有捷徑，既然生下他們就該了解身為父母的我們責任之重大與無可取代，**沒有一對爸媽在教養孩子的過程中，不曾感到筋疲力盡或是沮喪失望**，但陪著孩子一起度過的這些時刻，都將是未來我們生命中最珍貴的回憶與收穫。

31

請做孩子最有力的後盾

我們站在教學的第一線，經常因為孩子普遍生活能力低落而困擾。一個被過度保護、幾乎足不出戶的孩子，怎能要求他手眼協調、平衡力好呢？

我們學校很重視孩子從小生活習慣的建立與養成，除了因為蒙氏講求紀律之外，我們更發現當孩子作息穩定，不論是在情緒穩定度、生理成長等各方面都會順利很多，因此我們對於到校時間的要求比一般學校嚴格，希望孩子早上八點半之前一定要到校，最晚不要超過八點五十分，甚至如果孩子動作比較慢，提前十五分鐘來上學更理想，這樣他們才有足夠的時間好好整理自己的物品。

入學一個月了，小班的轉學生小布學習狀況、團體生活、人際關係都還算穩定，唯一的問題就是無法準時到校，常常九點才出現在門口。這天剛好是學校自然散步的日子，全校三個班的孩子都已經準備好出發了，只剩下小布遲遲還沒現身，這時媽媽電話來了：「老師，我知道今天要準時到校，但我們來不及了，不然我們就不要參加好了。」老師聽完很嚴肅的說：「媽咪，你們最快幾點可以到？我等你們。」沒想到竟聽到媽媽在那頭問：「小布啊，老師說要等我們耶，你要去自然散步嗎？」然後又聽到爸爸搭腔：「不然送去爺爺奶奶家好了！」

親子關係中屈居劣勢的媽媽

在老師的堅持下小布還是來了，當然免不了和媽媽難分難捨，我們清楚的看到親子關係中存在了許多待解決的問題，因此隔天我親自撥了通電話和媽媽溝通。

媽媽表示，她知道應該要努力修正孩子的作息，但像那天晚上九點好不容易把孩子趕上床，沒多久小布卻說想大便，好不容易忙完了躺下，十點小布卻又說肚子餓，媽媽先拒絕他，但小布繼續撐到十點半，躺在床上大哭說：「我餓到睡不著了！」媽媽只好又起來準備食物給他吃，等到正式睡著已經是十一點以後的事了，所以才會趕不上隔天的自然散步。

我嘆了口氣告訴媽媽：「媽媽，你沒有發現小布在跟你玩遊戲嗎？而且很慘的是你一直處於劣勢！」媽媽解釋小布從小有脹氣的問題，她很擔心，我告訴媽媽**孩子很聰明，都知道媽媽的弱點在哪裡**，媽媽沒有再爭辯，開始認真的思考。

我繼續告訴媽媽：「想改善小布的狀況，媽媽可以提前預告，當然大便不應該忍著，你可以先提供他更好的方法，比如八點就請他去坐馬桶，更要預告九點之後就不可以再吵著要吃東西。你們會經歷一兩個星期的吵鬧期，孩子會不斷試探你的界線，確認你是不是玩真的。如果你夠堅定撐過了這兩週，你絕對會發現管教愈來愈容易，因為孩子知道你是一個**說到做到**的大人。」

媽媽告訴我她會試試看，我又告訴媽媽：「當孩子清楚知道界線在哪裡時，他反而會更安心的去探索這個世界，去學習與拓展人際，因為他知道你將會是他最穩固的堡壘。」

愛他還是害他？

我們站在教學的第一線，經常因為孩子普遍生活能力低落而困擾。第一天來上學的四歲孩子，把切好的棗子放在嘴裡咬一咬後吐出來，告訴老師：「我不會吃！」由阿嬤呵護大的孩子，四歲半了不敢下樓梯，因為阿嬤怕他走樓梯危險，從沒讓他走過；四歲多的新生，不願意自己穿鞋，用命令式的口吻指揮阿嬤，並表演無力打開室內鞋魔鬼粘的劇碼，就是要讓阿嬤服侍他；甚至也有中班的孩子不會剝葡萄，因為在家水果媽媽全部打成果汁給孩子喝。

隨著孩子長大，家長開始發現不對勁，擔心的送孩子去做評估，覺得孩子口語表達不清楚、動作不靈活，殊不知人類與生俱來的咀嚼能力和咬字是息息相關的，從小怕孩子哭鬧不敢要求孩子，總依著他、讓他挑食，孩子怎麼有足夠的機會練習咀嚼；而一個被過度保護、幾乎足不出戶的孩子，又怎能要求他手眼協調、平衡力好呢？

更不用說孩子的「人際關係」和「解決問題與衝突」的能力了，這類型的孩子非常明顯的在同儕中易被冷落、忽略，因為他所具備的能力，不但沒辦法成為領導者，加上生活經驗少、缺乏刺激，更容易讓別的孩子覺得無趣而另覓友伴了。

讓孩子依附著大人才能生存，真的是我們愛他的表現嗎？孩子面對未來時，我們到底能給他什麼能力？我們能幫著他交朋友、陪著他面對衝突、緊跟著他，照顧他一輩子嗎？如果不行，是不是該想想現在所做的，到底是愛他還是害他呢？我們自以為是在「滿足孩子無限的想要」，其實是不是只是在滿足我們想「給」的「需要」呢？

而**當學校的老師、教練，全都卡在教導孩子「生活的能力」，學校得完全取代家庭應有的功能，我們還能對老師有什麼其他的期待呢？**

家長放手，給孩子練習的機會

「尊重」孩子，絕對不是「順從」孩子。我們的孩子應該在家中學會「被要求」與「受挫折」，因為家庭是他生命的根源，也是他最有安全感的地方，如果他沒能在家中學會順從，將來可想而知他在學校、社會，必須付出更大的代價，才能學會人生基本的課題。

所以請放手讓孩子吃該吃的苦，請讓他練習承擔他應負的責任，**我們這個年代的孩子，缺少的不是知識力，而是「紀律力」與「生活力」**。父母如果能在家中給予孩子合理的要求與應有的紀律，絕對會是孩子未來團體生活最大的強心針。

教養絕對沒有簡單的路可以走，家庭對孩子的影響力，也絕對遠超過學校，家長千萬不要總想著「沒關係，以後他到學校老師會教啦！」「沒關係，反正他才幼兒園而已嘛！」沒有錯，學校當然可以教，但很多時候錯過了孩子的敏感期，大人得花更多的力氣與精神來彌補與修正，反而更辛苦啊。

我看著小布在學校雀躍舒服的身影，想著這個孩子其實充滿了能量，只願媽媽能做他堅定的後盾，別再讓他的精力浪費在不斷試探與挑戰中。

32

「帶得出去」的孩子

普遍來說，孩子年紀尚小，生活經驗也還不夠，但觀察同樣年齡層的孩子，一定可以看出明顯的差異，為什麼有些孩子可以做到，有些孩子卻像脫韁野馬呢？

我以前任職的學校每年都會舉行一次很特別的戶外教學，叫做「拜訪小主人」，因為蒙氏日常生活教育很重視「社交禮儀」的學習，會教孩子如何待人接物、舉止合宜的表現自己，也會清楚讓孩子了解大人的期待。我們也將學習的場域延伸到校外，最安全、允許犯錯的地方就是同學家中，因此每學期的「拜訪小主人」深具意義。

記得有一次，我陪兩個班一起去「拜訪小主人」，雖然看起來只是又一次的戶外教學，卻可以從旁觀察到孩子在哪些地方還有進步空間，而哪些又是值得稱許的。

比如說一到小主人家要脫鞋進去時，有些孩子會蹲下來把鞋排整齊，有些孩子卻是鞋一脫，不顧擋到別人進出，就急著衝進去了，這時老師就會請孩子再出來，重新排好鞋子再進去；進到主人家中看到沙發，有些孩子興奮地跳上跳下，有些孩子則會端正的坐下等待；洗完手之後有些孩子會詢問要在哪裡擦手，有些孩子則是直接把水甩在人家漂亮乾淨的木板地上，當然又會被老師請回來把地上擦乾淨。

從細節中看出明顯的差距

有個小故事發生在彩虹班，因為剛好是小主人恩的生日，每一位小客人都拿到恩媽準備的豐盛小餐盒，恩媽只準備了一個超級迷你的蛋糕幫恩慶生，唱完歌後就把蛋糕收起來，沒想到一個小女生卻一直打斷正在進行的活動，不停追問：「園長，我們什麼時候吃蛋糕啊？」

因為她是年紀比較大的孩子，一開始我先採忽略對策，希望她自己懂得停下來，但她還是不死心，我只好很嚴肅的告訴她：「恩媽已經為我們準備一個很豐盛的餐盒了，我們要知足，大聲在主人面前要蛋糕吃，是不禮貌的唷！」小女生這才不再詢問。

要教出一個「帶得出去」的孩子真的不容易，他必須要舉止得宜、謙恭有禮、懂得為他人設想，普遍來說，因為孩子年紀尚小，生活經驗也還不夠，但如果觀察同樣年齡層的孩子，一定可以看出明顯的差異，為什麼有些孩子可以輕鬆做到，有些孩子卻像脫韁野馬般令人擔心呢？

我忍不住思索、觀察，發現那些主動性強、體貼細心的孩子，家中都有著良好的紀律與限制，當孩子出現超過常理的要求時，爸媽可以清楚地拒絕他們，剛開始也許孩子會鬧情緒，但家長們也都可以穩穩地接住孩子「起番」的情緒，但仍然不同意他們的行為，久了之後這些孩子知道規範在哪裡，不需要試探大人的反應，反而更是安穩，越來越清楚什麼行為是不被允許的，甚至進入到「自律」的等級。

反觀一些帶出去就容易興奮過頭、行為失控的孩子，這些家庭明顯的限制不夠、規範不清，允許孩子的各種要求，造成孩子行為的混亂，進而影響孩子的團體生活。

孩子需要一條清楚的界線

我想提醒容易心軟的爸媽，千萬不要太輕易就答應孩子所有的要求，要幫孩子看遠一些，如果他把這些行為帶進團體中，會造成什麼後果？當他用同一招對付老師時，老師會怎麼反應？不論是看到孩子的眼淚而心軟，或是看到孩子開心的笑容而滿足，只要行為逾越界線就該設立明確的規範，一時的退讓會讓孩子久而成習慣，而當我們的孩子走出家門，爸媽不在身邊時，行為現形甚至會造成他人的困擾。

當然每一個孩子天生的氣質都不同，有些孩子脾氣好、受教、說一次就聽懂，讓爸媽很輕鬆；有些孩子天生就是活動量大、規律性低、堅持度高又容易亂發脾氣，從嬰兒時期就高度敏感、充滿挑戰，但這些孩子更需要爸媽用心與耐心的規範，不只給愛，更要給紀律。他們一樣可以成為領導者、創意者，甚至是未來世界的佼佼者。

那次的「拜訪小主人」活動，在恩家做完勞作，幾個大孩子仔細地撿起地上的小亮片，連恩媽都稱讚：「謝謝你們撿得這麼乾淨，這樣我就不用再整理一次了耶！」活動快結束時，收拾好我們使用的環境、禮貌地和主人致謝說再見，看起來好像是稀鬆平常的事，對孩子們來說卻是重要的生活學習，當然也很希望家長們別忘了平時就做好家庭教育，讓我們的孩子都能成為受人歡迎的小客人。

33
特殊兒就學前的準備

萬事起頭難，只要父母願意一起接受與面對，每個孩子才有機會在生命的起初就能真正認識自己，找到自己適合的道路。

某日近午，我接到一通陌生家長從國外打來的電話，這位媽媽問我收不收特殊生，她有一個ADHD（注意力不足過動症）的孩子，目前是中班的年紀，打算暑假後回台灣為以後在台灣念小學做準備。我告訴她我們有在收特殊生，但是礙於人力及資源有限，有人數上的限制，這學期已經額滿，新學期的名額必須等舊生及舊生弟妹保留名額統計完後，才能確認。

我感覺到媽媽的焦慮透過電話線傳了過來，經由朋友的推薦，她真的很喜歡我們學校，想知道能不能先保留名額，她也跟我說起孩子之前回台灣讀過兩個學期，是如何被孤立，老師如何不喜歡他、每天只希望孩子不要惹事，而她後來聽到孩子回家描述的種種，才知道孩子在學校艱難的處境，「我可以體諒老師的難處，同樣是領一份薪水，要照顧我孩子的確是比較辛苦，所以我不怪她，但我真的希望能幫我兒子找到一個真心接納他的學校和老師。」

媽媽說：「園長，我現在很無助，不知道怎麼幫我兒子找到適合的學校，他之前到處被責備、處罰，壓力大到有一次還問我，大家都不喜歡他，他幹嘛還活著，他說他活到現在就好了！」我頓時不知道該怎麼安慰她，告訴她：「媽媽，你一定要加油！要告訴你的孩子雖然他的確有一些自己沒有辦法控制的情況，但媽媽相信他可以愈來愈好，一定要**給他正面的鼓勵，認同他的挫折與無力，但肯定他的努力**，告訴他媽媽永遠會給他最多的支持與陪伴。」

特殊兒求學困境多

雖然電話中這位媽媽並沒有提到她孩子到底有多嚴重，但根據我們以往的經驗，過動症的孩子的確需要更多的照顧與保護，有時他們做的事連自己都無法控制（過動兒常見行為詳見本書２６６頁〈我的孩子是不是過動兒？〉）。我曾經聽過一位園長分享她收了一位有暴力傾向的過動兒，班上每位孩子都被他打過，甚至有小孩後來怕到不敢上學，全班家長一起向園長抗議，質問她為什麼要收這樣的小孩。而我也請教過特教巡迴輔導老師，知道過動症的孩子，因學習能力和一般孩子無異，沒有資格進入特殊學校，通常醫生都會建議他們到一般學校接受融合教育。

記得大學時代第一次接觸特殊教育課程時，教授就一直耳提面命的告訴我們融合教育的好處，不只是對特殊生，只要老師引導得當，一般生也能從他們身上學到利他與付出、感恩自己所擁有的、包容不同的人，甚至更宏觀長遠的來看，還可以讓未來的世界更和平。

但真正做起來卻遇到不少問題，除了公立學校收特殊生要自動減少班級滿額數外，來自其他家長的壓力、學生的安危、老師的工作負擔等等，讓我不得不同意很多時候做教育的確要很有道德的勇氣，才能幫助需要的人面對這麼多的壓力與挑戰。

幼教工作者的努力

那天回家後，我和先生聊到那位媽媽的來電，畢竟有很多幼兒園不願意收有狀況的學生，或是收了之後也不願意積極處理，往往要求老師忍耐，消極等待學生畢業。先生不解的問我：「這個家長都這麼有自覺了，一定也會配合學校的吧？而且他們是真的需要幫助，不是嗎？」我又問他：「如果是你兒子被打呢？」我先生回答：「那我會告訴他社會上就是有各種不同的人存在，他應該學會如何保護自己。」

我想到某次演講後，收到一位同為幼教老師的讀者來信，她說班上有位過動的孩子，媽媽交代過不要給糖，沒想到慶生會時，壽星家長準備了一人一袋的糖果餅乾，要和全班同學分享。老師想到媽媽的囑託，便把那位孩子的糖果拿起來，只留下餅乾給他，可是那個孩子卻在放學時偷偷把自己的跟同學的掉包了。老師因此感到很自責，一直在想如果她沒把糖果拿起來，是不是就不會「害」那孩子做了壞事。

老師得應付來自各方的壓力，在幼教現場多年，如何和不同的家庭溝通、表達誠意、建立共識，一直是我們持續在努力的，尤其是碰到有特殊需求的孩子，該怎麼開口、怎麼協助、進多少退多少，處處都是學問，但其實最根本的初衷也就只有希望家長了解我們不是要貼小孩標籤，即使現場的狀況再辛苦，我們也希望家長能**從孩子的高度看到他真正的困難**，而非只著墨在他又做錯了什麼。

積極尋求資源與支援

我曾參觀過一所韓國的地區幼兒園，在融合教育上有著不錯的成果，園長帶領我們參觀時，說了句讓我挺動容的話，他說：「家有特殊兒的家庭，像是在體驗人世間最苦的一種苦。」我們沒有理由排斥他們，而是應該一起合作來照顧他們，這是我一直相信也在努力的事情。

好在隨著現在教育資訊，非常豐富並流通迅速，家有特殊兒或有疑似特殊需求生的家庭，只要願意踏出那一步，都可以接受到不少的資源與輔導。

以台北市來說，台北市立聯合醫院就有專門的早療評估中心，可以提供專業的評估與諮詢，甚至後續也可安排治療的課程，只要用健保就可以給付，如果怕排隊太久錯過孩子的黃金期，坊間也有不少的治療中心，不論是兒童心理諮商、語言治療、物理職能治療、人際、專注力課程等等，應有盡有。

網路上更有各式各樣的平台、社團可以加入，只要用關鍵字去搜尋，都不難找到適合的支持團體，萬事起頭難，只要父母願意一起接受與面對，每個孩子才有機會在生命的起初就能真正認識自己，找到自己適合的道路。

Stage 3

入園後遇到的疑難雜症怎解

好不容易為孩子挑到適合的學校，也搶到名額入學了，
沒想到前方還有重重關卡，需要爸媽一一破解。
剛到新環境，孩子難免會想家、想爸媽，
但是你知道嗎？分離焦慮有時不只會發生在孩子身上，
還可能發生在爸媽身上喔！
不適應團體生活、交不到朋友、
霸凌別人或被霸凌、回家說被老師捏、
老師建議帶孩子去評估……
最真實最殘酷的育兒 online，
歡迎你一起來挑戰！

34

孩子不想上學，怎麼辦？

孩子進到新環境，有情緒是非常正常的，但是，當大部分的孩子都已度過分離焦慮期，適應了學校的團體生活，只有你的孩子還會哭鬧時……

每天早上，尤其是blue Monday，即使人坐在二樓辦公室，總會不斷留意樓下孩子們來上課的情形，久了甚至可以分辨每個孩子的哭聲，「嗯，這個孩子哭是沒睡飽」、「這個孩子哭是在撒嬌」、「哇，這個請太久的假，又得要重新適應了」。

孩子進到新環境，有情緒是非常正常的，他們甚至會表示不想上學，屬於分離焦慮的合理範圍。通常我們都會建議家長接受孩子的情緒，但仍平穩堅定的送孩子到學校。如果孩子反應過於激烈，可採漸進式的做法，慢慢拉長上學時間，除非真的發現是學校或老師有問題，否則不建議一下子就放棄上學或轉學。

但是，當大部分的孩子都已度過分離焦慮期，適應了學校的團體生活，只有你的孩子還是間歇性的吵著不想上學，然而放學時卻又開心、沒其他異狀時，通常案情就不是單純的分離焦慮了，我會建議爸媽重新檢視家中的教養模式，比如：

1. 作息不規律、常規鬆散：孩子沒睡飽，情緒波動自然就大。如果孩子的秩序感一直沒有建立起來，比如家裡紀律不夠嚴謹，媽媽說是早上負責送的爸爸總拖拖拉拉，爸爸怪媽媽晚上都不叫小孩早點上床，太晚睡（超過九點），早上起不來，就很容易造成經常性晚到校。

也有些家庭習慣給予孩子過度的自由，造成孩子到了團體，需要等待、排隊、遵守規則時，覺得處處受限，像是在家中總是只煮孩子愛吃的東西、讓孩子吃飯配電視、允許孩子沒吃完也離開座位，甚至習慣在後面追著孩子吃飯，更別說已經三歲還在每餐餵飯等等，使得孩子來學校不習慣，甚至不願意配合，這些都常是造成孩子不愛上學的原因。

2. 家庭教養不一致：有時候要不要來上學，或是要送到哪一所學校，家中的大人不見得有共識。我們就曾遇過媽媽不想讓孩子在家一直看電視，力主幼幼班就要上學，阿嬤卻覺得孩子太小上學容易一直生病，夾在中間的小孩上學的心情怎麼不受影響？導致適應期拉得非常長。

因此還是建議家中大人要有基本的共識，至少不要在孩子面前做太多爭論，以免影響到孩子的適應，甚至讓孩子認為只要自己表現出不適應的樣子，阿嬤就可以讓他不用來上學，畢竟待在家中的舒適圈還是最舒服、自在的。

3.過度代勞：這是我們目前最常遇到，也是最難處理的問題，孩子在家被服侍慣了，常常是家中四、五個大人，一起伺候一個小皇帝，所以孩子也理所當然的希望將舒適圈延伸到學校，非常懂得求救、示弱。這類型的孩子如果家中沒有覺察與改變，將會需要非常長的時間，才能適應團體生活。

生活上的小細節點滴累積，都可以成為孩子的能力與自信的來源。在學校，老師不可能為難孩子去做超過能力範圍的事，但如果沒有家中的堅持和配合，孩子進步將會緩慢且辛苦。把孩子照顧的妥妥當當、有求必應，並不是真的愛他，反而很容易害了孩子，唯有了解孩子真正的需要，孩子才可能真正長出他自己的樣子，獨立而自信的生活、學習。

4.孩子天生氣質使然：天生氣質通常可以分為九大向度：堅持度、趨避性、反應閾、反應強度、情緒本質、活動量、規律性、適應度、注意力分散度。氣質沒有對錯，是每個人與生俱來的，遺傳也會占很大的因素（像爸爸或像媽媽），但確實也會讓主要照顧者產生好帶或難帶的主觀感受。

如果您的孩子堅持度高（倔強）、規律性低（作息難固定）、趨避性高（極度害羞或過度熱情）、反應閾低（一觸即發）、反應強度強（哭天喊地），相信親子之間的衝突和所需消耗大人的耐心就相當高。

但只要處理得宜，這些氣質也可能轉換成優勢，像是堅持度高的孩子，也許初期適應時需要大人煞費苦心，只要他走過這個關卡，進入到學習時他的高堅持度，反而能幫助他完成更有深度的任務。

5. 家中出現較大的改變，或是連假、病假回來：有些秩序感比較高的孩子，只要規律被破壞，像是放完連假、生病在家休息一陣子、出國旅遊幾天等等，就得重新再來一次。但是這種情緒是可以體諒的，只要大人態度堅定、語氣緩和，加上有品質的陪伴，孩子很快就能再次回到軌道。

另外如搬家、弟妹出生、爸媽大吵、分居等等，都可能造成孩子情緒波動。孩子是非常敏感的，記得用孩子的語言與高度，坦誠的和孩子溝通，絕對會比隱瞞更讓孩子安心。只要孩子能再找回安全感，情緒就會慢慢恢復平穩。

6. 學校和家中教養理念不合，甚至出現體罰的行為：我們曾接手過轉學生，在他校嚴重不適應，後來媽媽慢慢發現學校太過注重認知、美語學習，甚至還出現體罰，做不好就打手的情況。

新聞也曾報導過有老師對孩子動手，甚至孩子身上都出現瘀青，卻因為老師威脅而噤聲的可怕案例。雖然這絕對是非常少數的幼兒園和幼教老師才會發生的事件，如果爸媽心有疑慮，一定要主動找園方和老師求證，了解是幼兒自己的想像還是事實，詳情可以參考本書247頁〈媽咪，老師捏我的手！〉。

當孩子表示「不想上學」時，家長可以先觀察看看，排除學校、老師等人為因素之後，試著了解問題的癥結，傾聽孩子真正的需要。如果是上述幾種問題，導致孩子適應不良時，家中的教養應該立即做出改變，以幫助孩子及早適應學校生活。

最後，站在幼教第一線工作者的角度，我也要提醒各位家長和老師充分溝通，唯有親師互信互助，才能提供孩子最好的幫助，讓孩子喜歡上學、享受團體生活。

35

媽媽，你準備好了嗎？

孩子要進入到人生的另一個階段，媽媽一定會有不捨、有壓力、有猶豫，在分離焦慮的這段時間，孩子也一定會有擔心、有反抗、有情緒，更會不斷試探媽媽。

之前的學校有小朋友休學，因此學期中安排插班生就讀，那個小女生其實早在一年前就已經預約了，但因當時沒有名額，媽媽只好先讓孩子去上別的學校，讀了兩個星期之後，聽媽媽說因為孩子不適應，決定還是留在家中，沒有繼續上學。

這位媽媽工作是排班制，白天可以帶著孩子到處探索，在她的用心經營之下，孩子生活經驗豐富，口語表達也很流利，但媽媽卻遲遲無法決定要不要讓她現在就來上學，還不斷徵詢孩子的意見。隔天，我和媽媽通電話，媽媽提到之前的園長在那兩個星期中發現，孩子只願意和大人互動，和其他孩子格格不入，因此影響了她上學的意願，擔心這次故事又重演。

聽完之後我告訴媽媽，大人不可能永遠陪在她身邊，小女孩終究還是必須學會如何和同儕生活與互動，就算認知能力再好、口語表達再流利，如果她沒有學會團體生活中的分享交流、衝突處理、人際互動，就算以後資質優異通過考試跨年級就讀，她還是會孤單不快樂。

另一方面，與其問小女生有沒有準備好，我更直接的問媽媽：「你準備好了沒有？」孩子要進入到人生的另一個階段，媽媽一定會有不捨、有壓力、有猶豫，在分離焦慮的這段時間，孩子也一定會有擔心、有反抗、有情緒，更會不斷試探媽媽可不可以讓她回到原本習慣的環境，因為孩子才三、四歲，看不到也沒辦法想像新生活。

媽媽的分離焦慮

我自己在國外幼兒園教書時，學校允許爸媽到現場陪伴，而爸媽的態度是很從容淡定的，很明顯可以看出西方父母看待孩子的角度，是尊重獨立與隨時準備放手；回到國內，剛開始我也很想讓媽媽們多些陪伴，但結果卻讓孩子受了更多的苦，留在現場陪伴的家長，最後都會在孩子聲淚俱下的請求中進退失據。

每當我看到一場又一場「骨肉分離」的慘劇上演時（而我常常就是那個劊子手！），有時也不得不替孩子抱屈，因為有些父母總是從和孩子分離的過程中，不斷證明孩子對自己的愛，從與孩子的難分難捨中，獲得屬於父母的驕傲與獨特感，我當然理解這是父母和孩子之間獨一無二的關係和感受，但也不禁想著如果大人們不能成熟理性的適時斷開這些理不清的糾結，幼小的孩子又該如何往他自己的人生邁進呢？

有段時間，我利用週末進修「○到三歲蒙特梭利教師成長」課程，幾位講師在課程當中，不約而同提到成人角色定位的一些問題，幾個應該要具備特質中最重要的是「充滿愛，但不要求孩子也愛你」，身為老師也身為媽媽，我覺得這個特質對老師來說比較好發揮，畢竟老師的角色較理性，爸媽實行起來似乎沒有那麼容易。

也因此現在處理孩子的分離焦慮時，我開始花更多的心思處理媽媽的分離焦慮，試著了解媽媽焦慮的點到底是什麼，盡可能傾聽與陪伴心慌的媽媽們度過這段緊張不安的時刻，因為我知道**只有媽媽能真正的「放下」，我們才算是真正接手了她的孩子**。

我曾遇過一個讓我印象深刻的媽媽，前前後後陪兒子來上學不下五次，每次都緊緊跟著孩子，或是「假裝」坐遠遠的看書，只要孩子融入團體一陣子沒找她，就會站起來說「我去偷看一下唷。」接著又演出（讓）兒子不小心看到她而難捨難分的戲碼。最讓我頭疼的，是她連孩子交朋友的權利都要剝奪，熱心的跑去問每一位孩子的名字，然後拉著她兒子的手「這是小瑋，你要和他做朋友唷！」看在眼裡真是替這孩子疼在心裡，已經四歲的孩子，竟然連練習交朋友的機會都被媽媽「代勞」了，這樣的愛連我都覺得快要窒息。

這當然是比較誇張的例子，但說真的，**孩子適應新環境的速度，往往取決於家長的態度**，這當然不是要你狠心的讓孩子哭到呼天喊地都不理他，而是要告訴你，當你心裡還遲疑不安時，孩子絕對感覺得到，而這也絕對是影響他們適應的關鍵之一，與其如此，倒不如雙方心理狀態都準備好了再送孩子來上學更適合。

相信孩子，更要相信自己

一個良好的依附關係一旦建立起來，分離時雖然雙方都會不捨、不舒服甚至焦慮哭泣，但因為對彼此有信心，知道就算看不見，愛也不會消失。也只有在家長對孩子充滿信心，告訴他：「我知道你做得到」時，孩子的這一步才可以踏得堅定。

我們都知道孩子遲早會走向獨立，但過程中，如果父母像玩溜溜球似的，不斷放手又把孩子拉回來，孩子只會感到困惑，更可能因為愧疚不安，以哭鬧的方式來告訴父母：「我還是你的，雖然我喜歡上學、喜歡朋友、喜歡自己的生活，但我願意配合你的需求，滿足你對我的重要感。（OS：這到底是誰需要誰呢？）」

建議家長可以多和孩子聊聊，如果在學校遇到不知道的事該怎麼處理，陪他談談**他的**擔心與假設性的害怕，可以怎麼應對。別一直在他面前和其他人談論**你的**擔心，和身旁有上學經驗的家長聊聊，相信你會對自己及孩子更有信心。

而對於真的很難說服自己放手的媽媽，別忘了常常問自己，養兒育女的目的究竟為何？在孩子走向團體生活的過程中，我們給他的，到底是面對一切的勇氣與自信？還是不信任他做得到的擔心與無止境的焦慮？

另外，我也要提醒家長，不要過度尊重孩子的意見，孩子的認知有限，更會因為家長不斷的詢問而心慌失措。孩子需要的是一個能穩定他們的錨，清楚的告訴他們方向，支持他們往前走的動力。**過度的保護與詢問，對孩子絕不是尊重，而是干擾**，大人清楚的界限與堅定的態度，才是這個年紀的孩子所需要的。

36 孩子不適應團體生活，怎麼辦？

孩子生得少，更需要培養他的獨立性與挫折容忍能力，做父母的出手容易，收手難，只有能幫助孩子看更遠的父母，才有可能教養出真正有能力的孩子。

這個年代孩子生得少，大部分家長對於教養更是格外用心，網路爬文、閱讀最新的教養書、雜誌，各派教養理論如數家珍，因此當我們在和參觀的家長溝通理念時，家長都很認同我們真正的教學目標是「幫助孩子獨立生活」。然而，卻常有家長參觀時點頭如搗蒜，孩子真正就讀之後卻出現讓我們傻眼的落差。

我們非常了解再多的理論，實作起來可能是另一回事，也常在教學會議中針對個案討論，後來慢慢觀察發現，有時候家長是沒有想到「〇到三歲時的家庭教養，會在孩子進入團體生活後出現後遺症」，以下整理出幾種我在幼教現場最常交手的親子類型，希望能幫助還在〇到三歲階段的家庭，或是準備入學的新生爸媽，做好更完整的實戰準備。

第一類型：小霸王型 VS. 直升機爸媽

↓問題還沒出現就幫孩子全解決了

這類型的孩子根深柢固的認為世界圍繞著他轉動，因為有直升機爸媽或是直升機爺奶不斷的在孩子頭上盤旋，深怕孩子有任何一丁點狀況或疏忽，所以孩子理所當然的覺得自己是老大。這類孩子進到團體生活後常見的「症頭」有：

1. 當老師要發東西給大家時，會自己走到老師前面，直接跳過等待與排隊，大方伸手拿取他想要的東西。

2. 認為大家都應該要聽他的，人人都有錯就是他自己沒錯，所以玩不到想玩的玩具就是尖叫、哭鬧，不達到目的絕不妥協。

3. 洗手時會站在水龍頭前出神想說：「怎麼沒有人幫我開水、抹肥皂、遞毛巾呢？」停在那裡很久。

4. 全班正在幫同學慶生，他眼睛盯著蛋糕，手指朝奶油伸過去，老師告訴他要等一下，他就一直問：「好了沒？好了沒？」等到不耐煩了就站起來說：「我要回家！」然後放聲大哭。

第二類型：外星人型VS.阿信型爸媽

↓總充滿愧疚，覺得孩子的照料如有一絲疏忽都是自己的錯

這類型的爸媽通常都患有「育兒勞苦症」，家中常是多位大人同時照顧這個寶貝，因為照顧得巨細靡遺，所以他很習慣「置身事外」。這類孩子進到團體生活後常見的「症頭」有：

1. 完全沒有生活自理能力，沒辦法自己吃飯、沒辦法自己穿脫衣物甚至是鞋子、沒辦法自己尿尿（需要有人扶著小雞雞）……。

2. 老師說吃完午餐收拾好才能去玩玩具，常常都是吃一半就被玩具吸引走了，留下半碗飯在桌上，人不見蹤影。

3. 總要別人尊重他，卻從不尊重別人，例如會跟老師說：「老師，我阿嬤為什麼還沒來？你去幫我打電話給我阿嬤，叫她給我過來。」

4. 忘記帶東西來學校，老師詢問一定立刻回答：「是我媽媽忘記幫我帶了！」

第三類型：弱不禁風型VS.焦慮型爸媽

↓習慣做很多功課、問很多問題、擔很多的心

這類型的爸媽常常有過度的焦慮，擔心孩子有過敏體質、擔心孩子容易感冒、擔心孩子被別人欺負……，所以孩子很自然的承接了所有的情緒，甚至自動配合演出，讓爸媽更有參與感與成就感，滿足了爸媽「被需要」的需要。這類孩子進到團體生活後常見的「症頭」有：

1. 時時刻刻都希望大人注意到他，沒有獨立生活的能力或是主動交朋友的意願，不和同儕交談，像是獨行俠在教室中遊走。老師一離開他身邊去忙，就開始放聲大哭，希望老師注意到他。

2. 分離焦慮的高峰是爸媽在的時候，爸媽一走就恢復正常，開始做該做的事情。

並且非常懂得利用大人的焦慮感，有情緒時會用各種話語勾起大人的罪惡感：「我哭哭是因為你忘記和我說再見」、「你忘記看著我的眼睛」等。

3. 非常怕髒，不敢玩沙、不願意拿抹布，觸覺防禦非常的高。當小朋友不小心碰到他時，會用非常誇張的聲調叫著：「老師！他撞到我了！」讓同學們傻眼。

4. 老師轉告媽媽孩子在學校的狀況過後，回家一定會有他的理由和媽媽解釋，然後媽媽就會來學校告訴老師孩子的委屈。

第四類型：大頭症型VS.百依百順型爸媽

↓不知道要怎麼拒絕孩子，不自覺被孩子用哭鬧勒索著

這類型的孩子通常長得男的帥、女的美，而且非常機靈，非常了解爸媽的弱點並加以利用，最會的就是「充耳不聞」，當大人要求的事情他不想做時，就來個置之不理，因為爸媽總是很難貫徹自己的命令與要求，久而久之就會養出一個大小姐或大少爺。這類孩子進到團體生活後常見的「症頭」有：

1. 爸媽不在時，因為沒有靠山，表現就很正常，只要老師讓他知道沒有妥協更沒

有退路，就會認命的去完成自己該做的事，但當爸媽出現時（例如接送時）大頭症就會發作。

2. 完全聽不到爸媽的要求，嚴重時甚至是破口大罵爸媽，讓大家傻眼的是爸媽還是對他百依百順，完全沒有招架的餘地。

3. 通常在吃飯或是大小便方面會出現困難，比如一定要包尿布才肯大便、只吃特定的食物、以牛奶為主食……等，因為父母不敢要求他（理由千百種，但一定會某種程度的要求老師繼續配合），所以孩子很懂得予取予求。

所謂的「家教」，或是說家庭給了孩子怎麼樣的教育，往往在我們老師第一天接手孩子時，就能很清楚地看出來了。有些話也許家長們不愛聽，但身為孩子的第一個老師（不是保母），我們有責任把我們的擔憂告訴父母：**家庭絕對不應該以「孩子的需求」為生活中心**，今天吃什麼？電視看哪一台？幾點睡覺？這些都是父母應該要做主的，當我們把這些主權全部給了孩子，全家都在配合孩子，角色的紊亂與倫理的顛倒，絕對會造成孩子在團體生活中非常多的問題。

沒有一個孩子有資格叫父母「少囉嗦」，但我們在幼教現場真的常常親耳聽到，試想各位讀者**你們會這樣對父母說話嗎？如果不，為什麼能允許孩子這樣說呢？**因為怕孩子生氣？怕麻煩？不論理由是什麼，都應該讓孩子清楚知道「有些話就是說不得，有些事就是不可以做！」無法堅持的爸媽，只會教養出沒有分寸的孩子。

我在《親子天下》雜誌裡看過以下這段話，收穫良多，節錄在此與各位讀者分享：**較小的孩子對父母的依賴，有時候並非孩子的不能，而是父母的需要。……你的焦慮可能有九〇%都是多餘的！**孩子生得少，更需要培養他的獨立性與挫折容忍能力，未來才有可能成為國家的菁英，做父母的應該時常反問自己：「我是不是做太多了？擔心太多了？下一步應該要培養孩子什麼樣的能力？要如何慢慢的退出孩子的生活？」出手容易，收手難，只有能幫助孩子看更遠的父母，才有可能教養出真正有能力的孩子。

最後，請大家跟著我宣誓（參考《親子天下》雜誌36期）：

我要堅定的為孩子設立明確的界線

我要斷絕對孩子不需要的幫助

我要捨棄為孩子多餘的安排

我要離開孩子「不能沒有我」的執著

讓我們一起為「對」的教養，努力吧！

孩子不聽話，怎麼管教？

放學時老師和小瑞媽媽反應，最近他在學校吃飯又開始不專心，今天甚至打翻了三次碗，媽媽說：「老師，小瑞最近又被醫生提醒生長曲線掉到五％以下，如果他不多吃點，**以後**就會長不高、容易生病，所以我們只好又開始餵飯……」

小奇早上紅著眼睛來上學，一問之下媽媽說：「我跟他說過多少次不要捏肥皂，每次都把肥皂捏壞，我是怕他**以後**會去捏妹妹、欺負妹妹，所以要好好跟他說清楚，才出門上學！」

小維媽媽氣急敗壞的告訴老師：「我們家小維偷吃了整盒巧克力，還騙大人是弟弟吃的，這還得了，如果現在不好好教訓他，**以後**怎麼教啊？」

你是不是也曾經用「以後」這兩個字，去擴大自己的不安？你有沒有想過，如果能陪著孩子當下正視並處理好他的情緒，試著了解他是因為要引起注意？因為喜歡捏肥皂的感覺？因為被禁止吃巧克力，才做出不被認可的行為，說不定根本就不會有你害怕的那些「以後」發生！

也有很多父母喜歡用「以後」來恐嚇小孩，比如「不好好念書『以後』你怎麼找得到工作！」殊不知孩子長大後的世界，真的是超出我們能想像的範圍。**管教孩子的重點，從來就不應該是「以後」，而是「當下」**。當大人可以情緒平穩的接招（不壓抑、不縱容），協助孩子去了解自己外顯行為的原因，像是為什麼屢屢和弟弟打架、搶東西，講都講不聽？絕對勝過一次又一次無用的提醒、警告、處罰、恐嚇……（再哭！我數到三，再哭你就給我出去！）。

沒有小孩會「故意」一而再再而三做你不喜歡的事，請相信事出必有因，身為父母，我們應該用敏感度與對自己孩子的了解，試著去找到孩子真正的「需要」（安全感？引起注意？無聊？報復？……）。良好的「管教」，是大人滿足孩子真正的「需要」，有時是時間、有時是空間、有時只是陪伴或同理。過度嚴厲的管教，只堅守嚴厲的規則，卻不了解孩子為什麼做不到；天平的另一頭則是放任、寵溺、疏忽、遺棄……，管教的兩種極端都不適合孩子，只有在中間位置，從愛與同理中給予有合理限制的管教，才是孩子最需要的。

曾經有一個同事告訴我，從小家中就禁止她吃零食，因此當她考取大學，搬到學校宿舍的第一件事，就是瘋狂的採購零食，吃零食的習慣一直維持至今。因此我常告訴家長們「禁忌」其實是很危險的教養，當孩子被完全禁止去做某些事情時，難保他長大後不會想要突破禁忌，嘗鮮一番。我們可以設立行為的界線，讓孩子體驗與承擔後果，但請避免以「禁忌」為家規，因為它可能反而變成最吸引人的誘惑，更讓孩子想要冒險。

大腦中擁有控制力、判斷力的前額葉，必須等到孩子二十歲左右才會發展完畢，不然他們就不是孩子而是神童了，所以不應該給孩子超過能力的要求，期待他能理智成熟、自動自發學會和手足和平共處，或是管理好自己，那對孩子來說是不可能的任務，我們大人的角色就是在一旁協助孩子學會運用前額葉控制自己，不完全被杏仁核發作時的情緒帶著走。

我曾上過黃素娟老師的父母心課程，談論到教養中發生親子關係的衝突時，我們可以做的四件事是：

1. 自我覺察。
2. 自我放鬆。
3. 想像如何跟孩子修復。
4. 回到正向大腦神經迴路。

在親子關係的經營當中，請記得衝突和決裂是不可避免的，但**關係不需要怕決裂，而要怕沒有修復**。請放下身段，好好聽聽孩子當下的聲音與情緒，同理不代表同意孩子不成熟的行為與反應，但同理可以讓孩子懂得接受自己的情緒，才有機會看到自己應該怎麼修正，進而達到自律。尤其當大人可以幫助孩子說出他內在的聲音時，將更能幫助孩子發展他的前額葉來管理情緒。

情緒與行為一定要分開處理，我們可以認同孩子的情緒，但仍需堅定的協助孩子處理他的行為，也只有當大人自己能了解自己當時為什麼生氣、發怒、失控、破口大罵時，才有可能穩住自己的情緒，進而幫助孩子真正看到自己、了解自己、接納自己。

37

關於吃，老師的困擾

長期以來，在人們之間流行著一種偏見：認為要讓孩子長得快，就得不斷給他吃。殊不知，兒童消化能力特別弱，需要節制飲食，更需要飲食定時。

——蒙特梭利博士

我常常在帶家長參觀的時候被問到飲食的問題，孩子挑食、偏食、坐不住、吃飯不專心……到底該怎麼辦，但當我反問爸媽相不相信孩子餓了自然就會吃，或是敢不敢當孩子違反和你的約定時就堅定但溫和的收飯，並在下一餐之前不提供任何點心、牛奶、水果等食物，並堅定的執行一週以上時，通常家長們總會面有難色的看著我，甚至直接告訴我：「可是，因為長輩捨不得／孩子太瘦／或各種理由，所以很難耶，園長。」

現代的孩子幾乎可說從沒餓過，吃飯好像總是為了大人而吃，甚至每吃一口全家人就得幫他鼓掌，這樣的孩子進到團體之後，吃飯出問題，也是可預料的。

走捷徑的代價

學期初新生陸續入園，分離焦慮的問題在親師充分的溝通與信任之下，大多可以順利的克服，但吃的問題反而排山倒海的出現，說實話，挺讓老師困擾。

我之前服務的學校只收小班以上的孩子，因此學生一定都滿三歲了，近幾年實在見識過不少讓我們傻眼的情況，包括只吃白飯、白麵，有顏色的一律不吃、沒有基本的咀嚼能力，只會用門牙吃東西、喝湯時不會抿嘴，任由湯汁流出、已經切小塊的肉還是吞不進去，咬爛後又吐出來還給你、不擅使用餐具，習慣用手抓，總是吃得滿桌滿地都是……，老師們都已經見怪不怪了。

這種孩子最普遍的特徵就是體重偏輕，生長發展較慢，也因此惡性循環，家中更不敢要求，總是輕易妥協孩子的挑食、偏食、不在固定的位子上吃飯、含飯不吞、以奶代替正常食物等等，對老師而言這才是真正的長期抗戰。

我常常提醒家長們教養沒有捷徑，「吃」這件事更是如此，看到孩子不肯配合就把飯煮更軟、菜剁更碎、一喊餓就補奶，甚至乾脆只煮小孩肯吃的東西，都叫做「捷徑」，走捷徑是要付出代價的，在團體生活中就現形了，只是得連老師都拖下水一起努力修正。

我們曾遇過孩子來了一年，好不容易有了起色，放了暑假又大退步，看到芭樂居然會掉眼淚，廚房阿姨已經切片又再切對半了，但只要是有點硬的食物孩子就卡關，因為四歲的他咀嚼起來非常的辛苦，一問之下才知道回家又把飯菜煮軟、剁碎，缺乏練習的結果就是口腔能力再度退化。

也曾遇過家裡準備了超級豐盛的早餐帶來學校吃，一大杯豆漿喝完，還要吃一大份蛋餅，外加一盒媽媽切好的水果，往往得花費半小時以上才吃得完，還需要老師不斷的提醒才能專心，家長希望孩子來學校可以有充分的蒙氏工作時間，又要老師監督孩子要把幾乎比大人量還多的早餐吃完，不但會影響到孩子上課的時間，更不用說接下來又馬上要吃學校的上午點心，然後沒多久又要吃午餐，孩子幾乎一整個早上都在吃，正餐當然沒有胃口。

當老師提出在家吃早餐的建議時，有媽媽直接反應「沒辦法」，也許是因為家中還有手足需要照顧，也許是因為媽媽也趕著上班，或是希望孩子能準時上學，雖然這些我們都懂，但還是希望孩子可以和家長共享早餐時光，來到學校吸引物太多，很容易分心導致吃得更慢，早上孩子陸續入園有很多狀況需要處理，老師也很難一對一的陪伴某一位孩子吃完早餐。

給孩子練習的機會

幼兒園是孩子團體生活的第一步，**請教孩子適應不同的菜色，試著拉開他們的彈性**。有家長表示孩子不吃肥肉（或是連肉都不吃），請老師特別注意，大塊的肥肉老師可以幫忙處理，但像是魯肉飯裡的肥肉明明不多，而且已經剁很碎，老師實在很難幫孩子一一挑出來。其實大部分的孩子都可以接受並願意練習，如果孩子回家有提到，也希望家長們能支持並鼓勵孩子練習，不然增加老師的工作量還是其次，沒有讓孩子學習適應團體生活才是我們最擔心的。

讓孩子有餓的感覺真的不會怎麼樣。現在的孩子幾乎沒有匱乏過，而沒有匱乏的孩子是很難學會知足的，不論是家中滿坑滿谷的玩具，餓了就塞零食、糖果，不肯吃大人就妥協讓步，因為怕他長不大，這些都會造成孩子挫折容忍度低，習慣被立即滿足，甚至變成小霸王。並請記得，關於吃飯我們大人的責任是：

1. 準備健康均衡的食物：只讓孩子接觸健康的食物，才不會被垃圾食物占據他的食欲與食量。另外，一歲過後牛奶不該是孩子的主要營養來源，過度依賴喝奶會造成孩子營養不均的問題。

2. 減少進餐時環境的干擾源：不要讓孩子看電視配飯，或是手機、平板播卡通配飯，那只會麻痺孩子的知覺，暫時讓他安靜，卻犧牲了他體會食物的美味與和家人互動的時刻。

3. 允許孩子大小餐：我們大人都會有特別餓或沒胃口的時候了，所以當外在環境都控制好，孩子卻無法吃完一樣的量時，不需要過度要求他們每次都要吃完固定的量。比較建議的做法是在每次盛飯前和孩子討論量的多寡，讓他們習慣吃多少就拿多少，可先少量，不夠再盛，藉此也可增加孩子的成就感與主導權。

4. 堅持該有的限制：一小時還吃不完真的太久了，不但養成拖延的習慣，更會讓牙齒長時間浸泡在細菌中，容易引發齲齒的問題。也不要讓孩子習慣一天多餐，下午學校已經提供過點心了，所以接孩子時就不需要再給零食、點心，否則又會影響到晚餐的食量。寧可晚上提早用餐，孩子的體重會浮動是正常的，尤其剛入學時，大部分孩子因為活動量增加，都會減輕一些，不用過度擔心。

說好要收飯，時間到請淡定的收走，告訴孩子：「我沒有生氣，但我說到一定會做到，現在你可以離開位子去做你的事情了。」如果孩子哭鬧，盡可能轉移他的注意力，不需要和孩子對立，更不要冷嘲熱諷：「你看吧，我早就告訴過你了！現在餓了吧！」陪著他一起度過這段期間，**試著同理他的感受，但絕不代表大人得屈服**。謹守兩餐之間不提供食物的原則，如果孩子喊餓了，可以技巧性的提早吃下一餐，然後切記家中大人的管教一致，才會看到效果。

曾有孩子因長期偏食，只願意吃白飯、麵，在家幾乎不吃肉和蔬果，家裡完全拗不過他，所以有一陣子感染到病毒引發嘔吐、腹瀉，竟然拉肚子兩個星期以上還不見改善，到醫院檢查後，發現是因生病導致血小板過少，至少要半年後才能恢復，醫生表示這是因為他長期營養不良造成的。爸媽們，幫孩子看遠一點，把吃飯的責任還給孩子吧！

38
媽咪，我沒有朋友

孩子有沒有朋友，真的那麼重要嗎？重要的應該是怎麼教孩子認識自己、愛自己、展現自己，接受自己的特質，不因有沒有朋友而影響心情。

小琳平常都是媽媽送來上學，媽媽通常說聲再見就會瀟灑的離開，今天早上忽然爸媽一起出現，在門口躊躇了一會後走向老師客氣的問著：「老師，不好意思，這兩天早上小琳都不肯出門，一整晚在家都吵著說她在學校沒有朋友，我們聽了很擔心，不知道是不是有發生什麼狀況，好像都沒聽老師提耶？」

做媽媽的聽到孩子回家哭喪著臉說：「媽咪，我沒有朋友。」肯定萬般滋味在心頭，恨不得能親自到學校明查暗訪，想辦法讓孩子和同學們愉快的相處吧！

雖然我在幼教現場工作已經十多年，每次接手新生時，還是會戰戰兢兢，光是分離焦慮的議題，就可以衍生出很多不同的子議題，這對父母的堅持度如何？親子依附關係是何種型態？甚至常常還會牽扯到隔代教養，尤其是孩子剛來上學時還很開心，怎麼過沒幾天就哭哭啼啼的說不想再來了呢？這簡直是家長對老師的信任度大考驗！不過這個問題和孩子說「媽咪，我沒有朋友」有異曲同工之妙，總歸一句就是「背後肯定另有隱情」。

首先如果孩子回家告訴你他沒有朋友，請爸媽們要細細的去觀察，這到底是孩子的「想要」還是「需要」？我們常看到這個孩子明明不缺玩伴，但只要他最喜歡的那個不理他，他就會告訴爸媽他「沒有朋友」，如果是這樣，我們和孩子討論的重點應該要放在為什麼他那麼執著那一位朋友？或是他到底做了什麼讓朋友不想與他親近？引導他去思考怎麼改變或許會有不一樣的結果，當然也可以問問他，少了這個朋友對他有什麼影響，說不定反而可以鼓勵孩子認識更多朋友，進到不同的社交圈呢！

請記住，「想要」我們可以不給，但「需要」就不能不滿足孩子了，比如說孩子吵著要買養樂多，這和生理需求無關，只是單純的想要，可以試著轉移或延宕他的「想要」；但如果他因愛睏而哭鬧，那就是一種「需要」，我們必須立即想辦法處理、滿足他，不能壓抑或斥責孩子。

要注意的是，有時孩子真正「需要」的是**大人不滿足他的「想要」！**像是交朋友這件事，也許當下不立即滿足他的想要時，才能真正推孩子一把，讓他邁向獨立，進而滿足他真正的需要。

教室就像一個小型的人際試煉場，有些孩子就是容易受到大家的歡迎，自由時間每個人都想和他一起玩，相對的也有一些孩子總是抓不到交朋友的訣竅，甚至總習慣任性而為，久而久之朋友當然會一一離他而去。如果大人真的想要讓孩子擁有良好的社交關係，以下這幾個方向可以協助孩子：

一、傾聽但不是急著給答案

當孩子回家抱怨同學、老師時，很多時候他並不是想聽你告訴他「啊你不要理她就好啦！」或是「你要馬上告訴老師，不然我明天幫你跟老師說」之類的建議或幫助。

有時他的沮喪可能是因為正在迷惘、沉澱與思考，如果這時你能好好扮演傾聽者，**陪伴孩子看到自己真正的情緒**，而非停留在表面的生氣，他的感受可能就會有所不同，甚至如果你可以幫他說出他真正的感受，一切可能就解套了，像是：「你這麼生氣，是因為當小華叫大家不要跟你玩時，你真的很難過，因為你這麼喜歡他，你沒有想到他會這樣做，對嗎？」在他處理好自己的情緒、釐清問題後，回到學校自然就可以平靜正面積極的面對問題。

二、展現你的好奇心

有些內向或缺乏信心的孩子，常常是因為聽到大人總是說自己不夠好，光是一句：「加油！我知道你一定做得到！大家一定都會喜歡你的！」**孩子感受的很可能是壓力，而非打氣**，因此當孩子告訴你他會害怕、擔心而不敢開口說要和同學玩時，更好的方法是對孩子表示同理的好奇，像是問他：「我很好奇為什麼你會這麼擔心小華拒絕你呢？如果他拒絕你了會發生什麼事？是哪一部分讓你緊張呢？」

如果孩子知道你是真的想了解，而不是又要說大道理時，他自然會願意慢慢說出他的擔心，而這時也別忘了穩穩的接住他的情緒，千萬不要否定他，像是「這有什麼好怕的」，或是把孩子當成弱者，回應他：「你好可憐喔，都沒有人陪你玩。」簡單的複誦或是整理出他語句中的關鍵字，然後回覆他，都比給個冠冕堂皇的大道理好。記住**孩子很多時候要的不是建議**，而是有人幫他重新整理情緒與思緒，同理他真正的需要，僅此而已。

三、除非出現霸凌或攻擊事件，否則盡可能不要替孩子出面解決人際問題

在孩子的社交圈中總會維持一個微妙的平衡狀態，有領導者、跟隨者，也必有邊緣型的孩子。每個孩子天生的氣質不同，因此當家長來找我，詢問我他觀察到孩子都獨來獨往、沒朋友，家長該怎麼幫忙時，我總是會先請爸媽回去觀察，孩子是否接受自己這樣的狀態，並感到自在。

有時因為爸媽自己是領導型的個性，所以覺得跟隨型的孩子太軟弱、沒主見，但也許孩子在這樣的狀態才感到自在，那我就會告訴爸媽擔心是多餘的，試著捨棄自己的主觀意識，**接受孩子和你是不一樣的個體**，這樣對於孩子的人際關係，才會有所助益而不是壓力。

孩子有沒有朋友，真的那麼重要嗎？重要的應該是怎麼教孩子認識自己、愛自

己、展現自己而交到朋友，能接受自己的特質不因有沒有人喜歡而影響心情，做個正向樂觀的人，相信沒有人不會喜歡這樣的朋友的。

39 媽咪，老師捏我的手！

學齡前階段的孩子，常把想像（或希望）和現實混淆，還會編造出與現實有出入的故事，以滿足自己的需求或逃避責任，對親師雙方的默契與信任造成考驗。

某天一大早小咪的媽媽忽然來找我，說小咪在家中多次表達老師用食指戳她胸口，前一天更誇張還用指甲捏她的手，我聽到後立即請老師過來一起談，老師鄭重否認，我請媽媽回去告訴小咪媽媽已經找園長和老師談過了，請她重新想一遍，告訴媽媽到底是有還是沒有。

隔天一早，媽媽說她問了一整天，小咪都說老師有捏她，所以她把小咪帶來，換我來和她談。我看著小咪的眼睛溫柔但堅定的說：「小咪，如果老師有捏你，我一定會請老師向你道歉；但如果老師沒有捏你，你這樣說會讓老師非常傷心，也會傷害了媽媽對老師的信任。」小咪直盯著我沒說話。

我又告訴小咪：「現在，之前你講的那些我們全部擦掉重來，**最後我一定會知道事情的真相，但我希望是由你告訴我的**。」我深深吸一口氣平靜的問小咪：「老師有捏你的手嗎？」她閉緊了嘴唇沒有回答，我又問：「所以老師根本沒有捏你對不對？」小咪默默的點了頭，這下換一旁的媽媽傻眼了。

媽媽驚訝的說：「可是我昨天怎麼問，她都跟我說有耶！怎麼會這樣？」我又繼續問小咪：「老師說你最近比較常遲到，所以昨天有提醒你，在家中速度要加快，並告訴你再遲到要自己承擔後果，像是減少玩玩具的時間，所以你很不開心，不想來上學了，對嗎？」小咪再次點點頭。

媽媽看著我說：「園長，她從來不曾說謊。」我拍拍媽媽的肩膀告訴她：「媽媽，小咪長大了，她要進入另一個階段，媽媽又有不同的功課要做了！」

其實，類似的狀況已經不是第一次發生了，近幾年來甚至有增加的趨勢，之前還發生過小女生爸媽氣急敗壞衝來學校，說女兒回家告訴媽媽，班上有幾個孩子抓住她的肩膀、摸她下體，而且前後發生十三次！小女生指名的那幾個孩子，也不過才三、四歲，還是個子比她瘦小的女孩。

孩子為什麼語出驚人？

後來老師回到班上平靜理性、並且有技巧的詢問，最後小女生才承認不是真的，但這些控訴不但讓大家虛驚一場，甚至造成家長對學校與老師的不信任。孩子這樣的行為當然是不被接受的，但在處理時我們會非常小心的拿捏用詞，比如**絕對不會用「說謊」這兩個字，來讓孩子感到害怕或罪惡**，但一定會清楚堅定的讓孩子知道，你說了沒有發生的事會造成多大的影響，在這個時機點教導孩子語言的殺傷力有多可怕，才是我們應該要注意的重點。

而分析孩子為什麼會語出驚人，通常有幾個原因：

1. 想引起注意：當家中出現變動，像是弟妹出生、爸媽吵架等都可能讓孩子擔心自己被疏忽了，因此用這樣的方式想奪回大人的注意。對孩子來說，只要能得到大人的注意，就算是負面的事，都比被忽視更好。

2. 過度保護：因生活環境過於單純、單一，以致於他人說話語氣比較直接或強硬時，孩子就會覺得自己被欺負了，敏感度過高的孩子經常會過度誇飾一些一般孩子可以接受的刺激，比如同學間無意的碰撞，當然這也是因為他們的感受比一般孩子來得更強烈，因此爸媽雖然要教導孩子溫柔、平和，也別忘了教孩子要有一顆堅強與接納的心。

3. 大人的引導式問句：孩子其實非常了解大人的情緒、語氣，很會順著大人的話走，當我們問話不夠客觀，或是充滿情緒時，比如「你一定很害怕對不對？同學是怎麼摸你屁屁的，是大家架著你對吧？」有時孩子不知道要怎麼說，或是已經開了口轉不回來了，就會選擇附和，把故事繼續編下去。所以當我們詢問孩子時必須保持中立，不要面露焦慮、擔心，才不會讓孩子不自覺誇大了實情，以獲取大人的同情或是認同。

4. 天生氣質：每位孩子天生的氣質都不同，像上頁案例的那位小女生就是屬於高度敏感的觀察型孩子，在學校通常不會主動找老師求援，而是選擇閃避、隱忍問題，回家再找媽媽訴苦，但有時孩子片面的觀察不見得是事情的全貌。

過度敏感的性格，往往容易造成孩子人際受阻，甚至畫地自限。我們就發生過三星期前小男生對小女生吼叫，小男生誠心道過歉也沒再犯了，小女生卻還是過不去，午休時躲在棉被裡哭，告訴媽媽不想來上學的狀況。如果孩子屬於這種性格，**大人適時的忽略對孩子來說反而是一種幫助**，更要教導孩子事發當下就找師長求助，才是解決問題最立即有效的方式。

父母必須謹慎應對

現在新聞報導層出不窮的社會案件，的確容易引起家長的恐慌，但畢竟那些都是極少數個案，如果因此而影響到親師之間的信任，真的很不值得！因此還是要提醒家長們，要像文中的媽媽一樣，有疑慮就直接來找老師、校方求證，但也須提高自己的敏感度與對孩子發展的了解。

另一方面，從幼兒發展來看學齡前階段，尤其是在四歲以前的孩子，的確很容易混淆想像（或希望）和現實，常常和大人分享虛構故事來滿足自己的需求；有時更會因為想逃避責任，或是覺得自己無法承擔隨之而來的責罰，而編造出與現實有出入的情節，希望能僥倖過關。如果有成功的經驗，那更會加強他下次再試的動機。如果要避免讓孩子養成這樣的習慣，也請家長們一定要留意以下幾點：

1. 孩子認錯或做錯事之後，請不要過度責罵甚至體罰，盡可能的使用「自然後果」，讓孩子知道做出選擇之後，必須自己承擔結果，然後就不要再多做解釋或訓話。不是孩子自己體會出的道理，講再多，都只是白說。

2. 不要附和孩子的故事。不論年紀多小，**請幫助孩子區分事實與故事的差別**，不要因為覺得孩子這樣說很可愛，就陪著他編造更多的情節，當然也不需要殘酷的否定孩子的創意幻想，淡定的告訴孩子：「嗯，聽起來你真的很想要老師也送你一張和○○一樣的貼紙。」試著說出孩子的感覺，而非殘忍的說：「媽媽一聽就知道你在騙人，老師哪有給你貼紙！」這樣的親子對話，會讓孩子卻步。

3. 請大人清楚但情緒平穩的告訴孩子「這樣說對事情並沒有幫助」。孩子從學校順手帶了一個不屬於自己的東西回家，四歲以前可以平穩的告訴他「這不是我們家的，明天我們一起拿去還給學校。」然後隔天一定要請他親自交給老師。

但**四歲之後，請告訴他事實的嚴重性**：「小明，不是你的東西我們不能拿回家，這樣教室少了一個粉紅塔，大家就無法操作了，明天我陪你一起還給老師並道歉。」很多時候必須清楚的點破孩子的故事，不需給他罪惡感，重點也不是要懲罰他，而是要他自己學會負責解決，有經驗的老師絕不會因此而幫孩子貼上標籤，或是造成孩子的心理壓力。

4. 請務必和老師求證。尤其是在學期初，老師正忙著修正孩子一些偏差行為時，孩子有時為了逃避責罰，會想方設法地轉移話題、模糊焦點，試探與考驗親師雙方的默契與信任度。大一點的孩子甚至會演出一場精采的戲碼，讓大家霧裡看花，摸不著頭緒。

孩子這些表現若能一開始就可以堅定的導正，其實非常好處理，說穿了也只是孩子的心理防禦，或是希望引起大人注意的方法。但如果大人的陣線出現漏洞、處理過度或是放任不管，讓孩子的「計謀」成功，隨著孩子年齡增長，久而久之就會變成大事，更加難以處理了。

信任孩子，不代表要全盤接受他所有的說詞，或是不忍心說出真實的情況，當孩子的故事已經影響到他人、造成孩子自己的混淆，甚至形成傷害時，大人有責任幫助他釐清事實，必要時甚至可以告訴他：「我不覺得是你說的如此，我並沒有生氣，但是我希望你想清楚後再告訴我發生什麼事了，因為最後我一定會知道事實的真相，但我很希望是由你告訴我的。」適時的拒絕或打斷孩子的說詞是必須的，只要大人情緒平穩的處理，孩子更可以藉由這樣的討論學會誠實與負責的重要性。

孩子長大的每個階段，都會有不同的議題與學習出現，甚至有時你會懷疑這真的是我的孩子會做的事情嗎？無論如何，只要爸媽給予充分且有品質的陪伴，與堅持對孩子該有的要求，相信孩子都會有所成長，慢慢也會成為一位有智慧的人。

40

老師，我們想轉班

學校就像個微型社會，唯有大家多些同理與包容，一起面對問題、積極處理問題，爸媽幫孩子看遠一些，在衝突中其實孩子往往可以學到更多。

這幾年我們在教學現場遇到了為數不少的特殊需求兒，包括自閉症、亞斯柏格症、注意力不足過動症（ＡＤＨＤ）、語言遲緩、發展遲緩等不同需求的孩子都有。帶這些孩子的確有其辛苦之處，但通常只要方法得宜，加上家長全力配合，給這些孩子一些時間，其實都可以看得到他們漸漸穩定下來的成效，當然難免會有讓我們沮喪的時刻，其中一項就是同班的家庭告訴我們：「老師，因為過程中同學的關係，我們想轉班。」

前陣子又發生類似的狀況，這位有過動傾向的小男生不可否認，幾乎每天都會有衝動而難以控制的時刻，會吐口水、講不好聽的話，試圖引起大家的注意，雖然老師都有立即處理，並給予小男生應有的自然後果，而且小男生的家庭也積極的給予他充分的運動與管教，並接受我們的建議去尋求專業醫療資源的協助，但另一位在家中很受疼愛的小女生仍然不斷的回家向爸爸告狀，讓爸爸激動的來向學校反應，甚至提出想轉班的要求。

爸媽看更遠，孩子學更多

這樣的習題通常讓老師非常無奈與為難，畢竟兩邊都是我們的孩子，不過還是歸納出以下幾點建議給大家參考，當孩子回家反應類似的困擾時，家長可以先採取以下做法：

1. 當個主動傾聽者：安靜專注的聽孩子說話，在必要時給予開放式的問題，像是「你覺得還能怎麼回應他呢？」「我很好奇為什麼他會這樣做呢？」盡可能讓孩子真實完整的敘述過程，有時可能真的有些委屈，但如果情況不是太超過（受傷或真的有陰影不敢上學），通常只要讓孩子知道爸媽能同理他的感受，有時也就過關了。

2. 不要過度反應而讓孩子的故事超線發展：我們這幾年常遇到的狀況，是現在的孩子語言發展都非常好，因此回家後說的版本和現場是有出入的，或是選擇性的表達，甚至因著爸媽的反應，而擴大故事的情節，有時還會加入其他人的故事片段或自己的想像，因此大人的反應與引導非常的重要，必須清楚讓孩子了解「我們只說真的發生的事」，讓孩子知道語言的殺傷力是很大的，如果最後發現不是真的，將會失去爸媽對你的信任，甚至還會傷害到老師或其他孩子。

3. 試著考量團體的利益與更長遠的成效：我們學校是混齡班，每一年班上有三分之一的新生進來時，勢必會造成一段混亂或舊生行為退化的狀況，但這些所謂的秩序上的「破壞」，其實將是建立更成熟的秩序的開始，過一段時間後，反而更能穩定舊生的狀態，因此除了著眼在眼前的困擾之外，爸媽也可以幫孩子看遠一些，在衝突中其實孩子往往可以學到更多。

一個巴掌拍不響，孩子之間發生衝突時，老師當然可以隔離小孩，以避免衝突再度發生，有時我們確實會階段性的採取這樣的策略，讓雙方冷靜或重新建立關係，但長期來說，這種做法會剝奪了孩子人際學習的機會。

當家長為了某個孩子的存在選擇轉班，甚至是轉學時，我們會盡力溝通，但若最後還是選擇離開，除了尊重與祝福外，我們其實是更擔心的，**難道孩子未來就不會再遇到衝動性比較高，或所謂比較調皮的小孩嗎？**如果能在幼兒園時期，就讓孩子學習和不同的人相處，甚至學會保護自己，付出的成本應該是相對小的吧？

一樣米養百樣人，不可否認有些家庭的孩子充滿挑戰與故事，真的不是他們不努力，只是他們的路比較曲折難行。我一直很喜歡「同村共養」的概念，學校就像個微型社會，唯有大家多些同理與包容，一起面對問題、積極處理問題，我們孩子未來的世界才有可能是平安而大同的，給別人也給自己的孩子一些機會吧！

41 學校不適合我家小孩，怎麼辦？

除了現場的工作經驗，有時我也會收到網友們的求救信，在魚雁往返的過程中一起釐清問題，其中和這位媽媽 Joyce 的討論就非常經典，也激出了很棒的教養火花呢！在徵求她同意之後放在書中和大家分享。

園長您好：

看您的網站獲益匪淺，想請教您，我家小朋友四歲半，今年四月才讓他就讀小班下學期。前兩週很開心，但上學一個月後，他似乎上得很有壓力，情緒起伏變很大，也容易生氣，他沒上學前原本個性很溫和。

與老師討論過，他的壓力來源很可能是自我要求太高，我的觀察也是如此。像上課時，大家一起讀詩，只要一讀錯，他的表情就會很挫折，老師同學都沒有笑他，但他就是會覺得難過，或是老師問問題時沒點到他，也會難過。

其實他學習跟反應都很快，老師跟我都覺得很不錯，也會適時稱讚他。但他似乎很在意別人會而他不會，其他同學大概都是兩歲就進學校，學習進度當然是比他快，但我家小朋友無法理解，我在家中並未這樣比較孩子的能力，不知他為何有這樣的想法。

加上他有點害羞不太敢主動表達，但學校自然、音樂、美育、體育等活動他又很愛，很樂意參與，想請教園長：

1. 我要怎麼引導孩子呢？

2. 轉去蒙氏學校，對建立孩子的自信心會比較有幫助嗎？

Joyce

Joyce 您好：

根據您的描述，我會建議大人盡量淡然處之，每個孩子的氣質都不同，過度稱讚反而會造成這類高敏感孩子的壓力。當他有正向的表現時，描述事實的肯定句即可，例如：「你都會主動幫媽媽擦桌子耶，真謝謝你！」**重點要放在他願意主動去做的態**

度，而不是最後的結果，也不要太強調「表現好」，更不要太多戲劇化的讚美，像是：

「哇！妹妹真是太棒了！會擦桌子呢！好厲害唷！真是乖小孩！」

記得人和事要分開處理，不論是肯定或是責備，他們不應該因為不願意幫忙而被罵是個壞小孩，也不需要因為犧牲自己玩樂時間去照顧弟妹，才是大人眼中的乖小孩，應該引導孩子看到的是他們願意努力的態度，還有我們因為他們的付出而得到幫忙的感謝，不論他們是否願意幫忙，都不影響我們對他們的愛，這是高敏感度的孩子最在意的事情，也只有建立起這樣的信心，他們才敢放手去嘗試、去犯錯，才不會給自己過度的壓力。否則當孩子沒有得到同等級的讚美時，就會懷疑自己做得不夠好，甚至只會為了得到讚美而做。

至於轉到蒙氏學校會不會比較好，這是很難回答的問題，因為影響孩子最重要的是家庭，學校次之，當然學校還是會有一定的影響，蒙氏學校不見得就會讓他比較有自信，端看學校的用心與老師對他的了解，當其他條件都一致時，蒙氏的尊重個別發展，的確是會讓他比較自在的。

Mella

園長：

謝謝您的回覆。想想有可能是我太急著想要建立孩子的自信了，有時會過度讚美他，學校老師也是，我會慢慢改正過來。

其實念這間傳統學校已經一個半月了，我一直很掙扎到底要選擇傳統教學還是蒙氏，我參觀兩次後決定要讓小朋友轉去蒙氏，園長的理念很好，老師也很有耐心，小朋友敢於發問，也會安排團體分享時間。我才發現原來蒙氏小孩也是活潑的，在工作時不是完全沒聲音的，午餐時間也有小朋友當小幫手布置餐桌。雖然您認為家長的態度與教導比學校重要，蒙式教學不見得會讓小朋友比較有自信，但如果我在家要以蒙氏理念帶兩個小朋友，選擇蒙氏學校比較能延伸，我這樣的想法對嗎？

那間蒙氏學校唯一可惜的是，音樂活動沒琴，雖然還是有讓小孩碰樂器，但氣氛比較沒那麼活潑，老實說，傳統學校五花八門多元的課程也好吸引我呀！

Joyce

Joyce 您好：

「讚美」從來都不是建立孩子信心的方法，引導孩子對自我的肯定才是。如何讓孩子充滿自信，要從他自己動手完成開始，大人放手只協助、不代勞，才會是對孩子最好的尊重與肯定。

媽媽對蒙氏教室的觀察有說到重點，蒙氏教室培養出來的孩子應該是動靜皆宜的，工作時的秩序是對彼此的尊重，而當我們到戶外或團課時（像我們學校是足球賽），孩子又會展現出積極活潑的一面，這樣才是蒙特梭利說的「正常化」的孩子。

至於音樂，蒙氏有音感鐘是帶領孩子進入音樂的入門，如果要再深入就要看帶班老師的功力與興趣了。

Mella

園長：

我有跟目前物色蒙氏園長老實說，我有讓孩子去讀其他學校，因為當初額滿沒名額，現在確定可以入學，才會猶豫要不要轉學。

就如您所說，蒙氏學校真的要親自去看才會有深刻感受。園長沒有不悅，還謝謝我有老實說，讓他更清楚小朋友狀況。明天我會帶小孩去學校看看，雖然選擇學校的問題不能丟給小孩，但畢竟轉學也是要顧慮他的心情。

想請問園長，有什麼方式能讓小朋友習慣新學校，不要排斥轉學呢？

Joyce

Joyce：

我通常會建議確定要轉學的家長，不要一直問孩子「要不要轉學？」或「我們轉學好不好？」之類的問題，孩子的理解能力有限，很容易因為對舊同學情感上的牽絆，或擔心新環境適應等等因素，無法做出正確的選擇，另一方面來說，要讓孩子自己說「要轉學」或「好，我答應」，說真的也太強人所難了，這遠遠超過他們這個年紀可以下的決定。

所以不要把這種詢問當成「尊重」，清楚的告訴他已經確定會幫他轉學了，可以用他了解的語句解釋「因為媽媽覺得在新學校你可以更開心。」或是「我們就要搬家了，舊學校太遠，爸媽沒辦法接送。」這樣就夠了，過多的解釋只會養出一個能言善道的孩子，重點說了，其他就是陪伴！認真傾聽，不帶判斷的回應，才是孩子在轉換環境時最需要的。

記得，大人懂得淡然處之，孩子才能擁有平穩的情緒與自信。

Mella

園長：

很謝謝您！

我知道該怎麼做了，謝謝！

Joyce

42 我的孩子是不是過動兒？

在正常幼兒發展的階段，有些類似過動兒的症狀，是孩子發展必經的歷程，究竟是教養問題？還是生理問題？連醫生都很難在短時間做出判斷。

首先我要先聲明，我只是一個在幼教界服務多年的教育工作者，沒有專業的醫療背景，更沒有醫界的理論根據，純粹是出於多年陪伴孩子成長的經驗，以及在幼兒園十多年帶特殊生累積出來的敏感度，跟各位讀者分享過動兒常見的幾個狀況。如果讀者懷疑孩子有過動的傾向，請務必到醫院找專業醫師評估鑑定。

1. 分心度高（注意力分散度高）

所謂分心度高，不表示他們不能專心，而是他們很容易分心，尤其是對他們不感興趣的課程或活動。

學齡前的過動兒可能會在上團體靜態課程時，不到五分鐘就身體癱坐、無精打采、頭撇向別處不看老師，甚至整個人不由自主地背對老師，或全身像長蟲一樣不斷蠕動，有些孩子會忍不住反覆製造小噪音，或咬、吸衣物，讓自己偷偷地動著。

被老師提醒之後，只能端坐幾分鐘又恢復原狀，可以很明顯的看出來，不是孩子不願意配合，而是真的很難做到，仔細觀察甚至可以發現，當他在偷動時，學習的狀況才會比較穩定。

但神奇的是，對於他們感興趣的事物，卻可以展現出高度的專注力（請不要跟我說你家的兒子可以很專心的看電視，這種「被動的吸引」不算！），像是過動兒游泳天王菲爾普斯展現的耐力就令人驚豔，對於他們感興趣的事物，他們可以義無反顧的專注下去。

2. 衝動控制力低

過動兒有分成衝動型、過動型跟單純只有注意力不集中型（ADD）。衝動型的過動兒沒有辦法等待，老是想要排第一個，通常有三種表徵：認知衝動、語言衝動或行為衝動。

聽到老師問：「有誰知道……」題目都還沒說完，就搶著舉手回答，甚至站起來衝到老師面前舉手：「選我！選我！」或是老師才說：「現在請大家到外面排隊……」還沒說完「請女生先走」，就已奪門而出，因為他們滿腦子只想著要排第一個，這就是認知衝動的表現。

大一點的孩子可能會轉變成語言上的衝動、插嘴、沒有耐心聽完別人的陳述就急著回答、打斷別人的話急著講自己的想法、或脫口而出不知道哪裡學來的不好聽的話（比如：笨蛋、煩耶、白痴等等），沒有經過思考就使用不當的語言甚至動手，使他們常常面臨責罰或影響人際關係。

而行為衝動方面可以看到他們常常出現「人來瘋」的狀況，很容易被同儕煽動、起鬨，情緒反應度強、調節度差，甚至會一時興起就伸出腳害同學絆倒、會是為了好玩就抽走人家的椅子想看看會如何；被激怒時拿筆戳別人……，類似的行為都需要大人反覆提醒，並協助他記住後果，並進而預測後果、控制衝動，以免造成傷害。

3. 生活秩序混亂

可能發生在時間及物品兩方面。因為他們容易想到什麼就衝去做，該完成的工作一直被滿腦子的想法打斷，或被身邊不重要的事物占據了他的注意力。有時也會因為疲憊而導致分心，沒辦法在時限內完成工作的進度，建議家長或老師可以把工作分段，讓他們休息一下再繼續，效果會好很多。

也很不擅長整理物品，總是收了這個忘了那個，如果有大人在旁邊盯著，完成度會好很多，但切記，不要忍不住出手幫他們做！

4. 善良沒心機，不記恨，但也記不住後果

通常過動兒不善於規劃，因此也不太懂得用心機，單純天真，甚至有些無厘頭，但卻因為像旋風一樣不受控制，常惹得身邊的人火大，得額外花時間照顧他們、提醒他們、擔心他們。

要讓他們學會從經驗中記取教訓是很困難的，真的得花上一番功夫才能讓他們記住，不過他們的真性情只要遇到伯樂，也會是很討喜的一個特質。也常因為人我界線不清，容易侵入他人的生活空間，讓別人覺得被侵犯，而對他感到厭煩。

5. 多工處理能力強

過動兒的小腦袋瓜隨時都在高速運轉，可以同時處理很多事情。一面吃點心、一面寫功課、一面轉椅子……（但不保證每一件都做得完整）。上課時看起來摸東摸西、摺紙、咬指甲、畫課本……，但其實耳朵是有在聽老師說話的。

大人需要試著包容與接納過動兒的學習模式，不然很容易把他們貼上負面的標籤。如果叫過動兒「不要再動了！」他可能會忽然無法回答你的問題，因為他必須把所有的力氣與專注，都放在控制自己不要動這件事上。

如何與過動症和平相處？

在正常幼兒發展的階段，也常見類似過動兒的症狀，比如學步兒出現分心、衝動、人來瘋等現象，都是他們發展必經的歷程，究竟是教養問題？還是生理問題？連十幾年經驗的老師或醫生都很難在短時間做出判斷，而評估大部分要到四歲之後才較具準確性。

孩子的成長只有一次，在教學現場絕不可能因為父母不公開、不處理，老師就覺得沒問題，**最終得面對問題的還是父母，不然被犧牲的就是孩子**。當然最糟糕的是，父母根本沒有辦法面對孩子的問題，總想著長大就會好，或是道聽塗說害怕被貼標籤而選擇逃避。

雖然都是過動兒，但每個孩子在不同向度上又常有強弱的分別，要確診為過動兒不容易，常需好幾個月，甚至好幾年學校與家庭的觀察討論，並交給專業醫師評估，才能完成。

如果確診是過動兒，不一定要靠藥物才能解決問題，但一定不要忘記給孩子規律的作息、明確的教養、健康的飲食，配合大量的運動與一顆接納異己的心，過動兒還是可以舒服的享受團體生活，並找到自己的一片天空。

但如果已經嚴重影響到生活與學習，請務必遵照醫囑，不要排斥服用藥物可以帶來的幫助。許多在專業領域表現傑出的過動症患者，像是昆蟲老師吳沁婕就曾公開表示，在求學階段甚至寫書期間，都有服用藥物來幫助自己專心學習、控制衝動；而在

《我ＡＤＨＤ，就讀柏克萊》書中，作者布萊克也分享了他運用藥物與ＡＤＨＤ和平共處之道。

要小心的是不可過度依賴藥物，需教導孩子如何運用藥物來幫助自己，而不是被藥物控制，孩子應該慢慢會知道什麼時候吃藥有助穩定自己，什麼時候則可以練習靠自己搞定狀況。教養、飲食、作息、運動並進，缺一不可，才可能**讓孩子發揮ＡＤＨＤ的優勢**，而不被衝動、分心等狀況而在人生的路上絆倒，甚至對自我產生負面評價，永遠讓自己抬不起頭來。

43
別害怕「評估」，怕的是「錯過」

如果大人不能理解孩子的狀態甚至未加處理，隨著孩子年紀漸增，他們遇到的問題只會愈來愈嚴重，不可能自動好轉，甚至會不停的經歷撞牆期。

某次和一位孩子疑似有亞斯柏格特質的媽媽會談，媽媽問我：「如果去評估，孩子會不會就被定型了呢？」我腦中瞬間像跑馬燈般，閃過好多的畫面。

我們曾遇過一個保守的家庭，孩子其實很明顯是亞斯伯格症，但當我們第一次試著建議家長去做評估時，爸爸怒氣沖沖的衝到我辦公室告訴我：「你難道不知道評估會害了孩子一輩子嗎？」我們就知道這條路目前行不通，至少這個家庭現在還沒有準備好面對。

我們當下沒有再多做解釋或爭論，畢竟有沒有去評估或是開診斷證明，其實不是我們的重點，重要的是**爸媽有沒有看到、有沒有接受並妥善處理孩子真正的需求**。

有好長一段時間，我都是默默關心，和老師私底下討論孩子的狀況，知道他們仍舊非常抗拒走醫療這條路，雖無奈也只能接受現狀。每學期一次的一對一親師會談中，我們盡力讓爸媽了解孩子在團體中的困境，其實也只是拿掉了「亞斯伯格」這個會讓爸爸跳腳的字眼，其他該應變的方式、可能發生的情境都照講、照教，很努力的想幫助這個孩子與家庭。

如果家庭願意配合，藉由診斷更了解孩子的強弱項，當然會有莫大的幫助，但這次經驗也讓我們學習到，如果家裡還沒有面對的勇氣，我們也該尊重他們的決定，然後用我們的方式傾囊相授；雖然孩子得到的資源會減少，雖然孩子可能會繼續被誤解下去，但不代表這個家庭就不用心，甚至如果家長其實心底早就有譜，也在默默地改變，那有沒有確診是哪個病症名稱，似乎也就沒那麼重要了。

另一個例子是一個語言能力超好、三歲看到英文字卡就可以照著念的孩子，在學校經常暴衝，我們第一次和家長提到評估時，他們的反應是：「他怎麼可能需要評估？他兩歲就可以坐著自己讀繪本超過半個小時。」

還有一個孩子好不容易接受評估，也拿到醫院證明，接受特教服務兩年，幼兒園要畢業了，媽媽卻有意無意的忘記把完整的ＩＥＰ資料（注：ＩＥＰ全名為「個別化教育」，它是由父母及老師為特殊需求生所規劃的目標與進度，每學期必須至少開一次會確認與修正目標。）交接給小學的老師。

在要不要評估之間，存有太多的模糊地帶，學校或老師要提出這個建議真的需要許多的智慧和同理，得不斷反問自己：「為什麼我會建議家長帶孩子去評估？」「我的出發點到底是什麼？」

聽過有家長抱怨某某老師就是愛叫小孩去評估，但我更在意的是，老師背後的動機為何？是要為自己無法管理好孩子而脫罪嗎？還是真心想認識幫助這個孩子？我們也曾遇過一個媽媽，當孩子在安親班出現問題、暴動，老師打電話跟媽媽求救時，媽媽的反應是：「他服過藥（利他能）了嗎？要再增加劑量嗎？」

我在教學現場十多年的經驗，看過許多特殊需求生，深刻感受到的難題是**大人到底知不知道孩子的困境**。過動兒的衝動、無法控制是需要靠運動、社會技巧、堅持教養原則、飲食、規律作息，必要時用藥等才能幫助他穩定下來；亞斯孩子固執到難以變通，常讓你氣到咬牙，不是他們故意在挑釁你，而是他們天生缺乏彈性；當自閉兒沉迷在識字、念英文、背地圖、背捷運甚至背萬年曆時，我們老師聽到只會背脊發涼，想著如何轉移他過度專注受限的學習，努力讓他更有彈性與增加生活經驗，而不是讚嘆他有多聰明、多資優。

「評估」是為了找出最好的資源幫助他

回到文章開頭提到的那位媽媽，我告訴她：「評估就像是身體健康檢查，讓我們更了解孩子，能夠用最好的資源幫助他，我們從來沒有想過被定型這個問題，因為我們更害怕的是被『錯過』。」

我們的經驗中可以看到，如果大人不能理解孩子的狀態甚至未加處理，**隨著孩子年紀漸增，他們遇到的問題只會愈來愈嚴重**，不可能自動好轉，甚至會不停的經歷撞牆期。然而，只要能在**三到六歲的黃金期，用對方法和策略**，有些孩子甚至到小學時就不需要再用到政府的資源，前提當然是家長觀念正確並全力配合，我們學校成功的案例真的非常多。

孩子與生俱來是什麼樣子，身為老師的我們都接受，願意盡全力幫助他們。與其被大人誤會是偷懶、反骨、白目，有沒有想過很可能是他的一種需要呢？我們希望藉由評估做到的是**幫孩子發聲，讓他人看到、了解到他的困難**，不要總想著要一視同仁的要求他，給他一些彈性，為他設立屬於自己的進度與要求，如果可以甚至讓他也能意識到自己的缺陷、了解自己並努力學習。

我也曾和家長分享，特殊需求兒的身分可以是一種護身符，當孩子無法流暢的社會溝通、自在的建立社交、或是無法控制在教室內暴怒時，如果老師了解就可以協助他離開現場到安全的角落冷靜；因閱讀處理速度、書寫能力緩慢，功課寫不完，上小學後也可以和老師商量圈詞只要寫一次，而不是和大家一樣的三次。最怕的就是大人看不到孩子的需要，以為只要再嚴格一點逼他就可以做到，或是完全放棄、忽略他，因缺乏理解而把孩子流放到教室的角落當隱形人處理。

不過，我也要提醒家長，特殊生的身分絕對不是擋箭牌，孩子仍有他該努力調整的地方，千萬不要因心軟而放縱他，造成他人困擾時可以試著說明孩子的狀況，但也必須同時要求孩子改變，就算是特殊需求兒，也需要有所要求、有所堅持。

隱蔽孩子的需要，也斷絕了資源

吳佑佑醫師曾說過，有些家長明明就知道孩子是特殊需求兒，也拿到醫院的診斷書，卻不願意通報給學校知道，理由是「怕孩子被貼標籤，就永遠不能翻身了」。醫師說：標籤不用人家貼，而是孩子一來就掛在身上的。這些孩子需要別人的寬容，並用不同的標準與方式相處，隱蔽他的需要，只是在斷絕他的資源，更會造成老師的困擾，吳醫師呼籲開誠布公地和老師討論，尋求輔導室或學校的幫助，老師才會有後援，不要變相造成老師無形的負擔。

每個人身上或多或少都會有特殊需求與癖好，重點在於它是否影響到你的生活與學習，如果程度真的比較嚴重需要協助，就請坦然面對並積極處理，不要消極的逃避或一味的責難孩子。只有父母坦蕩蕩的接受，才能提高孩子的自我價值感，不會造成孩子其他反社會情緒的發生。

我至今仍記得那位兩歲半就可以讀繪本超過半個小時的暴衝兒，過動加上亞斯特質，讓我們無數次升起想要放棄的念頭，後來因為家長的全力配合、政府的特教資源挹注，以及特教巡迴輔導老師的入駐，讓我們陪伴了他完整的三年。我更記得在畢業晚會主持人問有沒有人想要對老師說些什麼時，他居然舉起了手，不太流利的說著：「我要謝謝南西老師，因為，因為她保護我！」我一轉身就看到了淚如雨下的老師。

也許你會寄望某些問題等孩子長大就會好轉，也許你會說其實孩子只是像爸爸或媽媽而已，但做父母的總是希望孩子能擁有比我們更好的人生，不是嗎？因此當孩子需要評估時，請不要逃避，幫助孩子和我們更認識他，如果你可以因此放低一些標準，同理他的需求與不足，承認他真的做不到，對孩子來說才是最大的幫助。

44 幼小銜接怎麼做？

要讓孩子有良好的幼小銜接，學習上最好的預備就是營造學習氛圍與提供學習動機，自理能力更是從孩子開始有行為能力、動作能力時就要開始準備的。

不論孩子有沒有念過幼兒園，讀的是公立或私立，家長們對於孩子進到小學總是既期待又怕受傷害，之前我受邀參加了信誼基金會針對二〇一八年小一新生兩波段家長問卷調查的結果發表會，第一波在入學前填寫，第二波則是在開學三個月後填寫，真實反應出父母的焦慮與孩子入學後真正的挑戰何在，其中有效問卷有一千多份，以中產階級為主，調查結果非常值得參考。

家長對於孩子要上小學的擔憂，不外乎三個部分：自理能力、學習預備能力、社會能力，調查結果和我們在幼教第一線處理的狀況非常雷同，就是這三項能力是呈現正相關的，也就是說當孩子的自理能力、社會能力好，相對他的學習能力也就會有不錯的表現，反之同理。

調查中也看到，如果有幫孩子做好幼小銜接的準備，孩子的學習預備能力也會相對提高，但這裡指的學習預備能力，並非注音或其他認知上的學習，而是廣義的學習預備，像是安全意識、上課方式、師生應對等等，這些準備工作才是幼小銜接時需要的引導和準備。

在小一新生家長的問卷中有一題也很值得我們探討，就是低年級孩子在正常課業量下能否在半小時內完成作業，這個問題之所以有趣是因為能不能在半小時內完成作業，通常不是因為孩子學習能力的問題，而是專注力、生活習慣所造成的，這又呼應了自理能力、社會能力和學習是正相關的結果。

在我之前工作的學校也發生過一些有趣的驗證，我們學校從不制式化的教孩子們背誦注音或是大量數算數學題目，我們重視的是孩子對學習的熱情與專注力的展現，而不是考試的分數、背了多少英文單字等外在學習成果，但有一年驚訝的發現，隔壁公立小學資優班二十五位孩子當中，竟然有五位是我們學校畢業的！

學齡前學習，欲速則不達

我們學校是透過蒙特梭利的操作，來讓孩子們了解我們的生活環境之中充滿聲音，讓孩子從聆聽聲音中去辨識，然後再與符號做連結，對我們而言，**孩子會不會背注音符號表，或是能不能聽寫出注音符號，絕對不是學齡前學習的重點**，三、四歲的孩子在蒙氏教學中使用注音符號砂紙板來學習，讓孩子們用觸摸的方式認識這個符號，而非躁進的抓著孩子的手拚命的寫練習本，當孩子的小肌肉沒有準備好時，讓孩子大量的拿筆寫字，絕對是揠苗助長的行為，甚至可能讓孩子因用錯力，造成拿筆姿勢不正確，日後才要再修正絕對是件更麻煩的事。

而閱讀素養的培養，更是急不來。營造一個讓孩子愛上閱讀的氛圍，絕對比規定孩子制式的閱讀來得更有效。我以前在紐約工作時看到我們的主教老師會在教室準備一個紙條蒐集籃，比如說有個孩子說今天午餐時想要和好朋友莎拉坐在一起，老師會告訴他：「你用說的老師很容易忘記，請你寫下來。」排座位時，老師慎重的拿出字條閱讀，甚至大聲朗讀出來，讓孩子體會文字與書寫的力量是這麼的強大，孩子自然而然的就會喜歡上寫字，甚至是簡單的作文。

也許你會說，可是我們家孩子根本不會寫字啊，你以為老師讀的字條都是看得懂的字嗎？當然不是！為了鼓勵孩子習慣記錄，他們可以用各種符號、圖形，甚至只是拿蠟筆畫個圈圈，我們都會和孩子求證後慎重的念出來，並肯定孩子的記錄。

簡而言之，要讓孩子有良好的幼小銜接，學習上最好的預備就是**營造學習氛圍與提供學習動機**，自理能力更是從孩子開始有行為能力、動作能力時就要開始準備的，幼兒園階段的孩子必須學習並練習照顧好自己，像是擤鼻涕、餐桌禮儀、遞物交談、收拾內務等等，甚至進而能照顧環境，像是掃拖地、擦桌子、洗抹布、擦窗戶、照顧植物等等，這些自理能力如果到了小學還未成熟，絕對會影響孩子學習上的表現。

還有孩子的社會互動，因為這很容易就會影響，甚至干擾到他人，當大家一起掃外掃區時，他不會或不想是會連帶影響到其他孩子必須協助他完成的，而孩子的自我價值很可能會因此而低落。

專注力更是這個世代的孩子要面臨的嚴峻考驗，資訊的快速、繁雜，3C的刺激、干擾，在在都造成孩子常常被外在吸引，甚至打斷該完成的事，除了家長的把關外，運動更是最好的解方，因為運動可以讓腦中釋放出腦內啡，穩定孩子的情緒，提升孩子的專注力，培養孩子運動的習慣更是家長責無旁貸的工作。

總結，提醒各位家長，幼小銜接我們可以幫助孩子準備的是：

一、養成基本的生活自理能力，並內化成習慣。

二、營造學習的氛圍與提供學習的動力，讓孩子能邁向自主學習。

三、做好生理上的準備，如正常作息、均衡飲食、規律運動。

還有一個過來人的經驗，就是如果孩子有特殊需求或是領有殘障手冊，請務必在入學前告知學校及早安排與銜接，準備好資料讓老師能在第一時間就了解你的孩子，千萬不要有「試試看老師搞不好不會發現」，或是「孩子說不定就自己好了」的心態，不但會擔誤孩子的發展，更增加老師的工作量。

最後，請務必把握**最重要的原則就是「不要讓孩子還沒上學，就失去學習的興趣」**，要不要補英文、上才藝班，請先真正了解你的孩子，根據每個孩子不同的氣質與優劣勢，應該要有不同的安排，爸媽千萬不要隨波逐流，人云亦云的失了方向，因為只有**你才是最懂你孩子的那個人**。

45
如何幫孩子選擇適合的小學？

是大學校好，還是小學校？是名不見經傳的學校好，還是大家擠破頭的明星滿額學校？都不如遇到一位了解、賞識孩子的老師！

這是很多幼兒園準畢業生爸媽常會苦惱的問題，我在幼教現場工作多年，每年總會遇到家長和我討論哪個小學比較好，學校裡也有不同小學的老師子女就讀，加上畢業生的家長們也常會回報孩子到了小學的狀況，因此經驗值比一般的家長累積得多一些，在這裡就和大家分享一下到目前為止我們家的經驗談，比較主觀，故僅供參考。

我們家雙胞胎兄弟中班時，我開始和其他家長一樣努力的做功課，打聽到底哪一家學校最適合我這對活潑、有主見的孩子，加上兩兄弟愛踢足球，所以找到了一家台北市號稱「森林小學」的公立學校，找時間和爸爸去走訪之後，很喜歡它的環境，尤其還有標準的足球場、足球校隊和一位非常用心的志工爸爸協助訓練；再加上我家爸爸就是在私立的小型學校長大的，非常喜歡學校裡大家互相認識、照顧的感覺，因此就開始辦手續，大班畢業之後順利的進入了那所森林小學。

雙胞胎兄弟倆，求學際遇大不同

學校小，所以一個年級只有兩個班，兄弟倆在我們的安排之下就讀不同的班級，弟弟還算上軌道，老師對孩子尊重又不失幽默，在得到孩子的認同之後，雖然難免有狀況發生，但也都在容忍範圍中；而哥哥簡直就成了一場大災難，入學沒幾個月就頻頻接到老師的告狀電話，那位老師用的是比較傳統的管教方式，比如處罰、記點扣分、不准下課、跑操場等等，一直沒有找到和孩子有效溝通的管道與建立規範的方式，最後只能頻頻把班上的皮小孩們送去訓導處訓誡。

當時我天真的以為，家長就該「要求孩子聽老師的話」，所以用盡各種方法要求哥哥「在學校一定要聽老師的話」，但效果不言而喻。我能體會老師求好心切的心情與為難的處境，也相信老師絕對有努力處理過，甚至可能身陷大環境、其他家長、學校、傳統觀念的泥沼當中無法自拔，但如同蒙特梭利博士所說的「教學方法只有一個，那就是必須保持學生的高度興趣和強烈而持續的注意力。」當所有的力量都來自於外在的控制時，孩子學到的會是什麼？

據我所知，大部分的小學老師都還是用行為主義的集點計分方式來控管孩子的行為，甚至集到一定點數，學校還會獎勵表揚孩子們的表現；**對於老是被扣分的那群孩子，這樣的方式到底有沒有效果？**又或者，**對原本就表現優異的孩子來說，這些獎勵真的有吸引力嗎？**

蒙特梭利博士曾經舉過一個有關「獎懲無用論」的例子，算是我們蒙氏教學時很重要的圭臬，獎懲的方式不是不能用，而是怎麼使用，大人的態度又該是如何。把孩子的座號全寫在黑板上，毫不忌憚的公布每個孩子的積扣分，給所有經過的人知道，這樣的教室氛圍很難讓孩子感受到「尊重」，更難讓孩子學會「自律」。

雖然早已事過境遷，現在回想起來仍然心有餘悸。和爸爸討論良久，小二決定幫兩兄弟換學校再賭一次。這次哥哥遇到一位「說到做到」，原則清楚、堅持度高的嚴格老師，因此有了非常大的轉變。

一年級時落東落西、得過且過的哥哥，忽然開始自我要求，連原本鬼畫符的字都端正起來，兩面圈詞寫了快一小時，我看寫得不錯啊，他卻告訴我：「比例不對，要擦掉重寫。」一學期下來每課的圈詞都拿到甲上，他自己高興得不得了；每星期二要穿班服，媽媽要照顧三隻小孩有時難免糊塗，所以他主動告訴我，以後要自己準備衣服。雖然哥哥依舊堅持度高、脾氣差、意見多，但至少慢慢學會了自我修正與調整，整個人也漸漸柔和了起來，不再像刺蝟一樣隨時準備防禦與攻擊，我想新老師絕對是他改變最重要的關鍵與貴人。

中年級時哥哥遇到超級懂他、包容他，但也同時會堅定要求他的貴人周老師，讓我們家度過了風平浪靜的兩年，更讓哥哥找回了對自己的信心，可惜高年級時又再次出現低潮，那時他回周老師班上看看老師。周老師知道哥哥的狀況後，不怕得罪同事，特別安排中年級半天班的中午時間和兒子一起吃便當，一吃就是好幾個月，讓兒子在學校至少有人願意和他說說話、肯定他，讓他有個避風港。

如同劉安婷在國北教大畢業典禮致詞所說的，如果每個大人都能在孩子犯錯時，嚴肅的告訴孩子他真的做錯了，卻又同時都能看到孩子的善良，那該有多好。

因此，到底該如何幫孩子選擇適合的小學？即使兩個兒子都已經走過小學六年的我也沒有答案，可惜在台灣目前的制度之下，雖然用心的好老師不在少數，但學校甚至政府連考核、協助老師的系統，都尚未看到明顯的助益；校長只有服務權，沒有任何可以制衡老師的力量，大家都心知肚明要讓一位不適任的小學老師離開比登天還難，也難怪愈來愈多家長會跳出來組織自學團體，期望靠自己的力量，讓孩子接受更適性的教育。

如果您也正在考量要幫孩子選哪一所學校，我只能嘆口氣告訴您，分班前看是要燒香拜佛，還是禱告念經，期盼老天給孩子一些好運，至於要選大學校還是小學校？該挑名不見經傳的學校，還是大家擠破頭的明星滿額學校？都不如遇到一位了解、賞識孩子的老師！

後記

路是無限寬廣

最近有不少身邊的朋友都在關心我們家雙胞胎兄弟，從體制外實驗學校轉學到私中後的狀況，大家都說我們真的是心臟很強的實驗組爸媽，光是公立小學畢業後決定念華德福系統的實驗中學，就已經震撼了不少親朋好友（尤其是長輩），讀了一年之後居然決定回到體制內，而且還是一般認為壓力極大的私立中學，更讓不少朋友傻眼，這其中當然有著不少曲折的故事，待我娓娓道來。

我們家雙胞胎的求學過程充滿挑戰，爸媽處理過的危機、聯袂道歉的次數，真是不少，小一就被老師威脅轉學，轉學後也發生過拒學、被霸凌等問題，六年讀完後只能說爸媽整個 Level Up，被迫學到不少教養的經驗和處理危機的智慧。

本以為國中選擇體制外的學校，應該就風平浪靜了吧，沒想到計畫趕不上變化，因為只有一個班，所以兄弟倆只能同班，衝突不斷以外，和導師的相處上也出現問題，最後老師甚至還出現肢體上的動作，嚇壞了孩子，也因此確定了轉學的念頭。當時只剩下一個月就是私中的轉學考，我們同時提供念公立國中的選項（免考試）給兄弟倆，他們評估後覺得既然要回來體制內，就得把一年沒碰的教科書重新補回來，因此想藉由私中的轉學考來當做回體制內的第一步準備。

花了一個月的時間，和先生一起幫兩個兒子惡補一年級下學期的國英數，兄弟倆白天照樣去華德福的中學上課，下課後就主動安排進度，準備睽違已久的大考。運氣還不錯，兩個都考進了私中，到最後一刻我們都還在問他們：「真的不念公立學校就好嗎？」但他們覺得這所私中離我們家只要五分鐘，參觀後覺得學校很多元、校風算是開放、資源充足、硬體設備等也都相當不錯，所以兩人異口同聲的決定要念私中。

從每天下午三點半下課，忽然變成一週有三天要上到晚上八點多，然後還有嚴格的服儀檢查，一入學馬上得理小平頭，教官更是三不五時盯梢，嚴謹到校園處處都裝了攝影機……，但說也奇怪，在實驗學校的後期，兩兄弟浮躁、衝動無比，好像一直在測試大人的底線和學校能拿他們怎麼樣，結果到了這個紀律分明的地方，兩兄弟反而照子放得很亮，就算被提醒扣分，也是摸摸鼻子認了，乖乖留校打掃，似乎安定了下來。

然後另一件神奇的事也發生了，弟弟轉學後第一次大考，居然出乎我們意外的考了全班第一名！當然我們轉進去的是普通班，所以其實還有很大的進步空間，只是一年沒碰過考試的他們，居然能這麼快的適應，也著實嚇了我一大跳。

我想起前陣子去參加一個蒙特梭利的國際研習，討論的主題是「青少年的社會實作」，主持的政大教授鄭同僚老師說，為了好好學習與認識蒙氏中學，他暑假到美國俄亥俄州的蒙特梭利中學住了好幾週，他第一天參訪時問帶他導覽的高二女生：「你快要畢業了，對於未來的大學有什麼計畫或擔心嗎？」那位女同學信心滿滿的回答他：「我根本不擔心未來，因為我知道我到哪裡都可以學。」

在會議中，蒙特梭利經典中學的高中部主任 Laurie Ewert-Krocker 也不斷提醒我們，蒙氏教育者最大的職責之一是協助孩子有能力去發展自己，如果你想要培養出一個獨立、有責任感、成熟的孩子，你必須放手讓他們去經驗，你可以給他們資訊、邀請他們挑戰任務、讓他們獨立的去探索、運用工具、對話、實驗……，但重點是他們必須透過實作才能得到真正的學習。

正值青春期的孩子們，根本不可能聽進去大人說的「我是為了你好」、「你要這樣以後才會有前途」之類的話語，但當我們真正放手，讓他們去經驗不同的學習模式，不給予任何好或壞先入為主的評價，他們反而能慢慢找到自己的方向。

我仍然很感謝有這一年的 gap year，除了實驗學校裡大部分溫和、耐心、會傾聽的老師，讓他們看到不同類型的師長之外，兩兄弟也因為這一年看到了更深遠的未來的可能性、學習的多樣性，與更了解另一個樣貌的自己。

我也開始反思，這對雙胞胎雖然很可惜沒有機會上蒙氏小學，但我們到底做了些什麼，讓他們在這次的大轉換中迅速的就位，連導師家訪時都告訴我，沒想到從實驗學校轉來的學生適應得這麼好；還會主動提醒老師，是否該辦理某些轉學手續，然後自己去相關處室一一完成，老師對於他們處理事情的獨立性與能力感到驚訝，我相信這應該要歸功於一直以來我們對孩子真正的放手與信任，除了蒙氏幼兒園的薰陶外，幫他們安排的小學課後學社，應該也功不可沒。

研討會中講師提到「全腦導向教學法」（Brain-Targeted Teaching）時，要設定情緒氛圍、打造實體學習環境、設計學習體驗……，我在現場聽講時就不斷聯想到在他們小學時參加的課後學社，我們沒有送孩子上安親班，甚至兩兄弟到小六，才第一次踏進補習班學英文，蒙氏曾說過：「只有真實的生活與工作經驗能引領孩子邁向成熟。」這句話不斷印證在我自己孩子的身上。

記得小四、小五時，他們跟著一位熱愛運動又有美術背景的學社老師 Vicky（由幾個理念相同的家庭一起聘雇的老師），雖然課後時間很有限，但一年下來也接觸了不少媒材，八、九位學社同學累積了不少作品，於是他們決定要辦個美術展，但他們知道家長可不會花錢幫他們布展或是洽商，因此決定全部流程都自己來。

他們跟著 Vicky 老師學習展覽前的種種作業，有人蒐集店家資料、有人整理作品清單、有人採買，大夥分工合作，沒有抱怨、沒有偷懶，只看到他們的熱忱與堅持。大致準備好後他們開始連絡店家，一一造訪請求店家提供場地，老師全權放手，僅陪在他們身後聆聽，前後總共拜訪了二十一家店，最後只有四家點頭答應。

兒子曾在不斷被拒絕後問我：「媽媽，那個老闆見面時明明很好，為什麼我再打電話去，他就說不方便呢？」我告訴兒子，這就是現實的生活，沒有什麼事是應該的，也深深慶幸著孩子在這個年紀就能有所體驗，學習接受「被拒絕」。

在他們小五的寒假，六位孩子甚至自己規劃了環半島的行程，六天五夜從台北騎腳踏車到台南，三百多公里的行程規劃踩點、費用的分配到住宿的安排連絡等等，全部都由他們分工完成，我們家長和老師只提供必要的協助，包含聽他們完整的報告後提出疑問，請他們去解決。這一路孩子們學到的可就更多了，猶記得出發時剛好遇到霸王寒流，不到十度的低溫，孩子們卻完全沒有懼怕，雖然有 Vicky 老師在前面當前導，還安排一位家長開保母車跟在後面，但砂石車經過時的膽顫心驚，當時在後面跟了幾個小時的我，到現在都還印象深刻。

我相信每個孩子都有不同的氣質與生活背景條件，路不會只有一條，我們不需要幫孩子讀到最頂尖的學校，而是需要幫助他們找到最適合的學校，不論是公立、私立、華德福、蒙特梭利……，每個孩子都是獨一無二的，有太多的能力不是考試可以測試得出來，未來的社會需要的是有能力而不是只有學歷的人才，因此我們得幫助孩子認識自己，陪著他們找出他們的優勢，然後設定屬於他們的願景，我想身為父母的職責與義務也就做到了。

路還很長遠，畢竟人生不如意的事十之八九，我會繼續努力不要成為孩子發展的阻礙，教他們面對現實、處理問題、保有一輩子學習的熱忱，才有可能讓他們能面對每次的挑戰，如同蒙特梭利中學講師所說的：「They struggle and they always figure out！」（他們會在困境中找到出路！）

蒙特梭利教養進行式

翩翩園長的45個正向教養解方

作者／何翩翩
責任編輯／楊逸竹．Yi-shih Lee
校對／魏秋綢
插畫．封面設計／三人制創
內頁設計／連紫吟．曹任華
行銷企劃／林靈姝

發行人／殷允芃
創辦人兼執行長／何琦瑜
副總經理／游玉雪
總監／李佩芬
副總監／陳珮雯
特約副總監／盧宜穗
資深主編／張則凡
副主編／游筱玲
資深編輯／陳瑩慈
資深企劃編輯／楊逸竹
企劃編輯／林胤斈、蔡川惠
版權專員／何晨瑋、黃微真

出版者／親子天下股份有限公司
地址／台北市 104 建國北路一段 96 號 4 樓
電話／（02）2509-2800　傳真／（02）2509-2462
網址／ www.parenting.com.tw
讀者服務專線／（02）2662-0332 週一～週五：09:00~17:30
讀者服務傳真／（02）2662-6048
客服信箱／ bill@cw.com.tw

法律顧問／台英國際商務法律事務所．羅明通律師
製版印刷／中原造像股份有限公司
總經銷／大和圖書有限公司　電話：（02）8990-2588
出版日期／ 2019 年 11 月第一版第一次印行
　　　　　2020 年 10 月第一版第五次印行
定　價／ 380 元
書　號／ BKEEF056P
ISBN ／ 978-957-503-520-4（平裝）

蒙特梭利教養進行式：翩翩園長的 45 個正向教養解方
何翩翩著 -- 第一版 -- 臺北市：親子天下，2019.11
304 面；14.8×21 公分 --（家庭與生活；056）
ISBN　978-957-503-520-4（平裝）

1. 育兒　2. 親職教育　3. 蒙特梭利教養法

428.8　108018045